新时代工匠
创新法丛书

“四力”创新行动法

杨凤凯 李 丹 孙 驰◎著

INNOVATION

中国工人出版社

前言

创新是企业生存发展与竞争的重要因素，创新的脚步稍有停歇，失败就会随之而来，唯有创新才是企业成功的保证。

我国从不同层面鼓励企业创新，但是该如何创新却没有标准答案。作为一名一线岗位员工，在工作实践中常常会遇到各类技术问题：如何完善设备功能，提高设备使用寿命；如何降低员工劳动强度，提高工作效率；如何降低能耗，实现降本增效；如何减少环境污染，保护工作和生活环境；如何规避安全隐患，提高安全系数。这些问题都需要通过创新来解决。

能否找到一种适合企业的创新工作方法，可以指导员工解决各类现场技术难题？为此，笔者结合多年基层工作经验、创新经历以及技术革新实例，归纳总结出“四力”创新行动法。该方法立足前人宝贵的创新经验，结合企业实际特点，从组建创新小组并培养组员发现、解决问题的能力开始，到运用创新工具实现创新，还辅以实际创新案例，鼓励员工留意生活中常见的小事，并进行思考，通过最少的改动，运用最低的成本，达到创新的目的。

很多人认为创新难于上青天，不是普通员工应该思考的问题。实际上，企业的创新更多依赖于一线员工的思考。因为一线员工接触现场最多，了解问题最深，将他们组织起来，才能多、快、好、省地解决企业一线生产难题，实现企业长期自主创新，经济效益不断向好。

由于笔者水平、经验有限，书中难免存在不足之处，恳请广大读者对书中的错误和不妥之处批评指正。

编者

2022 年 3 月

目录

第一章　认识“四力”创新行动法 / 001

一、为什么要创新 / 003

二、杨凤凯工作室简介 / 010

三、“四力”创新行动法综述 / 015

四、组建“四力”工作组 / 016

（一）“四力”工作组的作用 / 017

（二）“四力”工作组的人员构成 / 018

（三）“四力”工作组活动的基本条件 / 022

（四）“四力”工作组的日常工作 / 024

1. 转变团队的管理方式，治“本” / 024

2. 提升团队的综合技能，强“根” / 026

3. 培育团队的文化精神，塑“魂” / 027

（五）“四力”工作组展开活动的基础保障 / 028
1. 学习 / 029
2. 会议 / 029
3. 实践 / 030
五、完善“四力”工作组制度 / 031

第二章 “四力”创新行动法的实践应用 / 033
一、提问力 / 035
（一）聚焦式会话 / 042
1. 适当的会场布置 / 056
2. 第一轮问题 / 057
3. 随后的问题 / 057
4. 如果有争论 / 057
5. 如果人们对别人的回答横加阻拦 / 058
6. 讨论跑题时 / 058
7. 回答很长、很抽象时 / 058
（二）智慧共享 / 059
（三）信息共享 / 071
1. 线下信息共享方式 / 072

2. 线上信息共享方式 / 072
二、共识力 / 073
（一）聚焦关系 / 076
（二）聚焦主题 / 077
1. 制定团队阶段性的目标 / 078
2. 明确每一项任务需要达到的目的 / 079
3. 成员共同参与目标的制定 / 082
（三）头脑风暴 / 083
（四）提取关键词 / 089
（五）图示化赋予意义 / 090
（六）确定可实践行动 / 091
三、行动力 / 092
（一）快速产生行动方案 / 092
（二）自动分组、自发完成工作 / 095
（三）启动集体智慧与效能 / 098
四、破题力 / 100
（一）克服障碍 / 100
（二）标准化流程 / 102

第三章　创新工具 / 109

一、创造性思维方式 / 111

（一）创造性思维方式的定义 / 111

（二）创造性思维的特点 / 112

（三）发散思维与收敛思维 / 115

1. 发散思维 / 115

2. 收敛思维 / 120

（四）正向思维与逆向思维 / 124

1. 正向思维 / 124

2. 逆向思维 / 126

（五）横向思维与纵向思维 / 129

1. 横向思维 / 129

2. 纵向思维 / 131

二、TRIZ 的应用 / 132

（一）什么是 TRIZ / 132

（二）常用的解题方法 / 134

1. 因果分析法 / 134

2. 资源分析法 / 137

3. 克服思维定式的方法 / 144

4. 最终理想解 / 151
（三）四大分离法 / 153
1. 空间分离 / 153
2. 时间分离 / 154
3. 条件分离 / 156
4. 整体与部分分离 / 156
（四）技术矛盾与物理矛盾 / 158
1. 技术矛盾 / 158
2. 物理矛盾 / 162

参考文献 / 165

第一章

认识『四力』创新行动法

一、为什么要创新

创新指以现有的思维模式，提出有别于常规或常人思路的见解为导向，利用现有的知识和物质，在特定的环境中，本着理想化需要或为满足社会需求，而改进或创造新的事物、方法、元素、路径、环境，并能获得一定有益效果的行为。创新最早来源于拉丁语，于 1912 年由美籍奥地利政治经济学家约瑟夫·熊彼得（Joseph Schumpeter）提出。他在《经济发展理论》中指出，创新是指把一种从来没有过的关于生产要素的“新组合”引入生产体系。这种新的组合包括以下 5 个方面。

（1）引进新产品。

（2）引用新技术，采用一种新的生产方法。

（3）建立新的消费市场（从前没有的）。

（4）控制原材料新的来源，不论这种来源是已经存在，还是被第一次创造出来。

（5）构建新的组织，如转化成为或突破垄断话语权。

从 20 世纪 80 年代开始，我国就开展了对技术创新的研究。清华大学教授傅家骥先生在《技术创新学》中从企业的角度给出了技术创新的定义：企业家抓住市场的潜在盈利机会，以获取商业利益为目标，重新组织生产条件和要素，建立起效能更强、效率更高且费用更低的生产经营方法，从而推出新的产品、使用新的生产（工艺）方法、开辟新的市场，获得新的原材料、半成品供给来源或建立企业新的组织，包括从事科技、商业和金融等一系列活动的综合过程。

针对我们所讲的创新方法，从利润增长的角度对技术创新予以定义更加具有意义。通过归纳前人的观点，以傅家骥先生的表述为依据，对技术创新加以定义：企业把握技术的潜在商业价值，同时抓住消费市场的营收机会，以赚取利润为目的，将生产属性和生产前提进行新的结合，创建效率高、效能强的新的生产经营系统，进而开发新的产品、使用新的生产工艺或者开辟新的市场，得到新的原材料、半成品供给来源或者建立企业新的组织的综合过程。

《伊索寓言》里有则小故事：在一个狂风暴雨的夜晚，路上一个穷人又饿又冷，他走到富人家里去讨饭。“滚开！”仆人说，“不要再来打扰我们。”穷人笑着说：“没问题，先生，但是我只希望您能让我进屋，我只需用火炉把衣服烘干就走。”仆人认为他的要求很简单，只是烘干衣服，并不费事，也不会浪费时间，就让他进去了。这个可怜的穷人进屋后，一边用火炉烘衣服，一边向厨房的厨娘提出请求，他希望厨娘可以让他用锅煮点“石头汤”喝。厨娘很费解，石头怎么能煮汤呢？出于好奇心，厨娘答应了穷人的请求，把锅借给了他。穷人拿起锅，走到路边，捡起几块石头，洗了洗，放进锅里，然后像模像样地煮起石头来，并且要求“石头汤”还需要点盐巴。于是，厨娘给他放了一些盐巴，后来又陆续添加了豌豆，厨房里剩下的青菜，甚至将没有吃完的肉末也放进了锅里，一锅“石头汤”就这样煮好了。故事的结局是穷人不但烘干了衣服，还美美地喝了一锅肉汤。

如果一开始这个穷人就对仆人说“求求你行行好！让我进去取暖并给我一锅肉汤喝吧”，会是怎么样的结局呢？也许他就会被仆人赶走，还有可能冻死在街头，而穷人换了一种思维，就得到了完全不一样的结局，这就是创新的力量！

企业的运转离不开技术，需要多种技术相互结合。企业发展的前提就是技术的变革，技术变革又是技术创新的产物。从现代企业发展的理论看，技术创新是推动企业利润增长的主要力量，不断进行技术创新，企业才能发展壮大。从现代企业发展的现实意义看，只依靠传统技术发展的企业，无不遇到前所未有的挑战，开拓市场、持续发展的关键在于其能够开展技术创新，更新产品。

随着全球经济一体化的发展趋势，各个企业都将面临新的国际挑战，亟须找到适应变革的出路。因此，加大技术创新投入，抓住新技术交替的机遇，迎接挑战是所有企业发展的必然选择。

《寤言二·迁都建藩议》中有云“不谋万世者，不足谋一时；不谋全局者，不足谋一域”。20 世纪二三十年代，享利·福特（Henry Ford）凭借生产黑色轿车而赫赫有名，随着技术发展，消费者的需求不断变化，不仅需要汽车作为代步工具，而且要求其样式美观、性能突出同时又能节能减耗。但是福特公司却一味固守原有技术，没有技术创新，生产的汽车不但款式单调而且耗油量大，完全不符合消费者的需求。

就在这时，通用汽车出现在人们面前，该公司生产的汽车不但款式新颖，而且小型轻便、节能减排，受到大众青睐。通用汽车的崛起，使福特公司一度濒临破产，所以亨利·福特作为总裁才会发出“不进行创新，就要灭亡”的感慨。

关于创新的例子数不胜数。20世纪40年代，美国有很多出售方糖的公司需要通过海运将方糖运往南美洲。在海运过程中，方糖常常出现受潮的现象，给公司带来了很多损失。公司请了不少人研究解决方法，都不得其法，最后一名叫作克鲁索的工人想出了办法。他的办法是在包装纸上打开一个小孔，这样空气相对流通，方糖就不会受潮了。办法虽然很简单，但是效果特别好。这名工人为自己的方法申请了国家专利，再后来，有公司花费一百万美元买下了这个专利的使用权。

难道几个小孔就可以值一百万美元吗？答案是否定的，几个小孔不值钱，值钱的是创新的方法！

当今，我国的国际地位与影响力日渐提高，但与此同时，地大物博的传统优势还未尽显，其根本解决方法便是“创新驱动”。实现技术创新并不难，主要通过增加资金投入和时间投入的方式。但对一个企业，只有能盈利的创新才是有价值的。

杨凤凯是大庆油田测试技术服务分公司第一大队的一名普通的采油试井工。自1982年参加工作以来，他勤恳务实，在生活工作中仔细观察，积极思考。

在油田的工作中，经常会遇到各式各样的困难。比如在水井分层测压施工过程中，经常会出现阻塞器或电子压力计由于各种原因落井的现象，这样就会造成设备及测试仪器的损失，给生产带来很大影响，很多时候需要依靠作业的方式来解决问题。不但耗时耗力，而且浪费成本。

是否能有一种新的方法来解决这个问题呢？杨凤凯将这个疑问埋在了心里。有一天，他陪母亲缝补衣服时，不小心把针掉在了地上，小小绣花针看着虽然也算真切，可是捡起来却是非常困难，尝试了几次依然不行。这时母亲笑着说："真笨，桌上有块吸铁石，你用吸铁石吸一下就好了。"杨凤凯听后拿起吸铁石，没想到这么容易就可以把针"捡起来"。吸住这根小小的绣花针时，他开始琢磨："真的挺容易啊，用吸铁石就可以捡起来，那么掉到井下的仪器含铁质成分，能否也用吸铁石吸住呢？"有了这个灵感，杨凤凯开始积极进行实验。首先他找到一个报废的打捞器，并把它割开，将一块吸铁石镶在横截面上，但由于吸力不够，实验并没有成功。他没有放弃，终于经过反复实验，掌握了丁字形切割的方法，重新在打捞器保留的斜面上镶嵌了 8 块磁石，找好角度将其固定，并连接加重杆，一次性投捞解卡和磁钢打捞器就这样诞生了，如图 1–1 所示，成功打捞上来的阻塞器如图 1–2 所示。

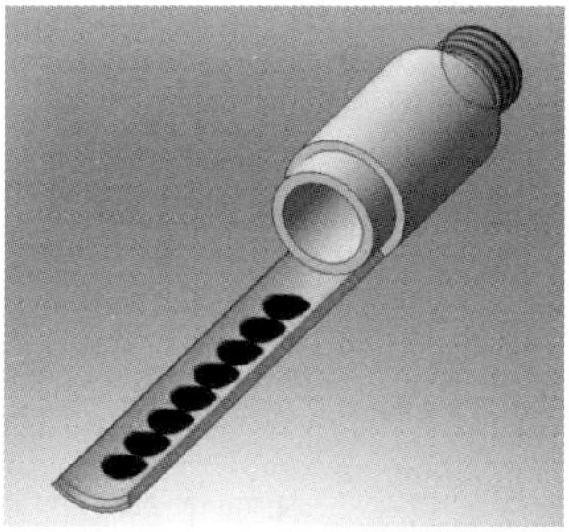

图 1–1　一次性投捞解卡和磁钢打捞器

图 1–2　成功打捞上来的阻塞器

2005 年，一次性投捞解卡和磁钢打捞器累计实验 83 井次，其中成功打捞 80 井次，实验成功率高达 96.4%，节约作业费用和压力计费用240余万元。创新成果获得了分公司技术革新一等奖，油田公司技术革新二等奖，并在油田各厂矿大力推广，均取得了较好的应用效果。

创新不但需要转变思想，从无意识创新到有意识创新，再到主动寻找创新点，最后创新点越来越多，而且需要在这个过程中不断学习，掌握一定的方法与技巧。杨凤凯看见磁石就可以联想到生产中的应用，一方面是因为他严谨的工作态度，将生产中遇到的困难牢记于心；另一方面也归功于他将生活小技巧转变成创新行动法的工作方法。这些方法与技巧包括头脑风暴法、世界咖啡、TRIZ等。

杨凤凯工作室在总结前人经验的基础上，根据企业特性，针对企业工作方法及工具等，找到了全面提高企业革新与创新效率的“四力”创新行动法。本书将对该行动法进行全面介绍。

二、杨凤凯工作室简介

杨凤凯，大庆油田公司技能专家，采油测试高级技师，黑龙江省创新方法应用学会第一届理事会理事，黑龙江省龙江技术能手，大庆油田级培训师，采油测试专业高级培训师，

图 1-3　杨凤凯在工作室工作

分公司创新达人，测试工匠，如图 1-3 所示。

杨凤凯工作室于 2014 年成立，在杨凤凯同志的带领下，成绩显著，目前已获得国家专利 22 项。2015 年，工作室发明的双示踪测井仪液体源仓快速连接器是利用真空隔离的原理，实现释放器快速对接的同时又能达到仪器内部线路传输畅通、密封，极大降低了被辐射员工数量及单人被辐射的时间。2016 年，工作室发明的冬季油田注水井阀门速效解冻装置是利用车载电瓶、逆变器和热风枪，对保温防护罩内的井口闸门进行快速解冻，也可以利用汽车尾气对保温防护罩内井口闸门进行解冻，该装置成本低，经测算使用该装置每口井可创造产值 2000 余元。2016 年，工作室发明的新型可泄压式快速连接防喷盒，解决了油田测试仪器下井困难的重大问题，目前正在大庆油田推广，经油田公司测算，一年因节约工时，可创造产值 60 余万元；可通过解决问题井 500 井次，创造产值 100 余万元，共创造产值 160 余万元。2017 年，工作室发明的斜井自动滚轮式全方位强推刮垢器，有效解决了测井、试井时仪器在管柱内结垢、结蜡、死油等遇阻的问题，提高测试成功率 80%。2017 年，工作室针对生产当中仪器下井不到位的问题，研制总结了系列化通井工具，攻克了厂（处）级技术难题。

在论文、革新成果及其他荣誉方面，工作室团队人员以杨凤凯为代表，先后在国家级期刊发表论文 20 余篇，获全国企业创新方法大赛二等奖 2 项，黑龙江省企业创新方法大赛一等奖 4 项，集团公司创新成果一等奖 1 项，大庆油田公司重大技术革新奖 8 项，分公司级技术革新成果奖 50 余项，以本人名字命名的创新成果 3 项，部分荣誉如图 1–4 所示。

图 1–4　杨凤凯工作室部分荣誉

杨凤凯以工作室为基础，先后带徒 14 人，一方面，在工作室中举办“杨凤凯大讲堂”“技术革新课堂”等系列活动，并牵头创办测试技术服务分公司“技师之家”，为公司的创新爱好者搭建了交流平台。另一方面，为提高员工技能水平，他还在 2015 年参与编写了采油测试理论与实践培训教材，累计对油田优秀人才培训 300 余课时，被中国石油大庆培训中心评为“优秀培训专家”，并被聘为“采油测试专业高级培训师”，参与教学和教学研究，如图 1–5 所示。

图 1–5　工作室日常工作

近年来，杨凤凯同志积极参加各类培训，于 2016 年 10 月在“大庆油田技能专家实训指导能力提升培训班”中荣获“优秀班干”荣誉称号；2016 年 9 月在中石油大庆培训中心承办的“油田公司采油测试工技师培训班”中荣获“优秀培训专家”荣誉称号；2017 年 5 月参加了“大庆油田（第一期）创新方法培训班”，完成了 TRIZ 理论一级课程内容，通过项目答辩，获得 MATRIZ 三级专家和大庆师范学院颁发的结业证书；2017 年 6 月在“大庆油田公司重大技术革新成果与 TRIZ 理论培训班”中被评为优秀学员，获得黑龙江省创新方法应用学会颁发的荣誉证书。

在学习的基础上，杨凤凯将自己的创新方法整理成册，主要内容就是本书所讲的“四力”创新行动法。目前，以该方法为基础，创新工作室研制创新成果 50 余项，其中获油田重大技术革新成果奖 6 项，获实用新型专利成果 6 项，12 项革新成果已经在油田领域推广应用，其中 2 项在 2017 年获得黑龙江省企业创新方法大赛一等奖，2 项在 2017 年获得国家企业创新方法大赛二等奖，如图 1–6 所示。

图 1-6　工作室成就

三、“四力”创新行动法综述

“杨凤凯工作室”自成立以来这些成绩的取得，离不开“四力”创新行动法的应用，该行动法充分发挥了团队的集体智慧，解决了生产中的种种实际难题。

“四力”即提问力、共识力、行动力、破题力，在技术革新有形化前进行提问，通过聚焦式回话、智慧共享、信息共享等方式提出问题；而后通过头脑风暴、集中讨论等形式对难题达成团队共识，进而快速生成行动方案，自发完成分组，启动集体智慧与效能；最终当革新完成后，对现有革新进行障碍分析，并寻找解决方案，实践破解难题。

“四力”创新行动法中的“四力”，指评价工作组的 4 种能力标准。这 4 种能力分别在小组创新的提问阶段、共识阶段、行动阶段、破题阶段中体现，可以将其视为进行创新工作的一套整体流程，如图 1–7 所示。根据美国质量管理专家沃特·阿曼德·休哈特（Walter A. Shewhart）提出的 PDCA 理论，我们也可以将“四力”创新行动法视为创新活动的一项循环解决问题的方法，根据该行动法从无到有地学习创新，并掌握创新常用思维及方法，进一步形成自己团队的创新能力。

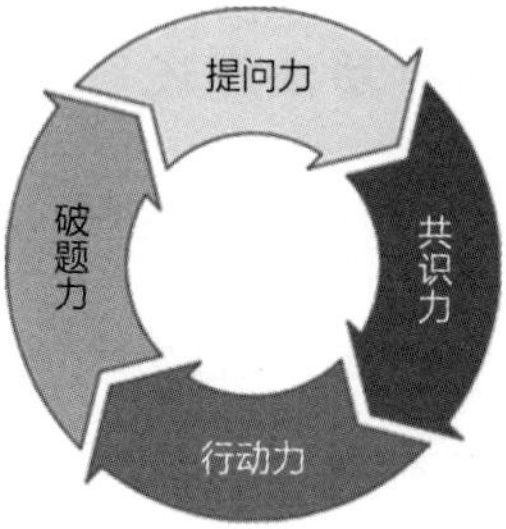

图 1–7“四力”工作循环图

四、组建“四力”工作组

企业成立创新工作室，有利于培养员工的创新工作意识，并以工作室为基础，为企业培养优秀的工作人才。以杨凤凯工作室为例，员工可以通过各种形式展开交流，以一人所长展开培训，在增进员工感情交流的同时，相互切磋，开阔员工视野。由企业内部专家对员工进行培训，员工更易接受，优势互补，节约成本。

杨凤凯在工作室内部，组建了“四力”工作组。该工作组是工作室的一部分，为工作室开展创新活动提供人才及策略支持。

“四力”工作组的成员由在生产或工作岗位上从事各种劳动的员工组成，围绕现场工作存在的问题，以改进质量、节约成本、增加效益为目的，自愿组织起来开展创新活动。

（一）“四力”工作组的作用

员工是企业最珍贵的财富，成立工作室，组建“四力”工作组，可以使基层员工对工作更加负责、更加敬业，同时更加主动地发现现场问题、解决现场问题，使现场工作更加井然有序。组建“四力”工作组，不需要增加工作人员，只需给基层人员灌输理念，使之活化起来。

成立“四力”工作组的作用包括以下 8 个方面：有助于发掘员工的潜能，体现智力优势，提高员工的素质；有助于发现质量问题，并予以改正；有助于全体组员参与，培养集体感；有助于培养组员团结协作的能力；有助于提高员工管理水平；有助于提高员工认真思考的能力，积累解决问题的经验，并将能力与经验相互结合；有助于发现现场存在的问题，员工根据现场经验与科学知识，达到共同解决问题的目的；有助于创新型人才的培养，形成良好的创新氛围，不断促进企业发展。

（二）“四力”工作组的人员构成

“四力”工作组由组长和组员构成，每个组的人数根据企业需求等因素确定，不强求一致，一般为 10 人左右。

工作组中的组长是灵魂人物，一般由企业内能力、威望较高的人员担任。组长如果不称职，则工作无法推进，甚至停顿；一名称职的组长可以使活动顺利地开展。作为工作组组长，应该做好以下 5 个方面：全面掌握“四力”创新行动法的工作精髓及意义所在；具有“我可以，我一定要把工作组带好”的决心；与领导和组员沟通，做好企业领导与组员之间的桥梁；以身作则；慧眼识珠，发现组员的优势与不足，有意识地招揽优势互补的人才。

团队建设的好坏，直接关系到“四力”工作组的凝聚力与战斗力，组长在组建工作小组时，应有意识地做好团队建设。组员应该不断参与团队工作，有意识地培养团队协作能力。组长应做到通过自我管理，负责整体工作过程或其中一部分工作。在团队建设过程中，小组成员之间会彼此增进信任，坦诚相对，愿意帮助工作小组创造出不同寻常的业绩。

剑桥产业培训研究部前主任贝尔宾（Belbin）博士和他的同事们经过多年在澳洲和英国的研究与实践，提出了著名的贝尔宾团队角色理论。该理论提出需要有效利用每个人的行为优势，创造一个包容的小组，这样的小组能大大增强团队与个人效率。小组内每个成员都有其擅长的项目，成员将擅长的项目组合在一起，便可以构成一个完美的团队。一个完美的小组应该包含9种角色，分别为：智多星PL（planet）、外交家RI（Resource Investigator）、审议员ME（Monitor Evaluator）、协调者CO（Co-ordinator）、鞭策者SH（Shaper）、凝聚者TW（Teamworker）、执行者IMP（Implementer）、完成者CF（Completer Finisher）、专业师SP（Specialist）。

根据贝尔宾团队角色理论，在组建团队前，首先要进行工作性质和岗位匹配性要求分析，其次要了解候选人员的优势和劣势，是否与团队现有人员的个人能力和经验是互补的，再次要了解候选人员的合作能力、工作态度、学习态度等，最后要确定候选人员，并向候选人员描述他的工作职责，判断其能否接受学习和挑战。

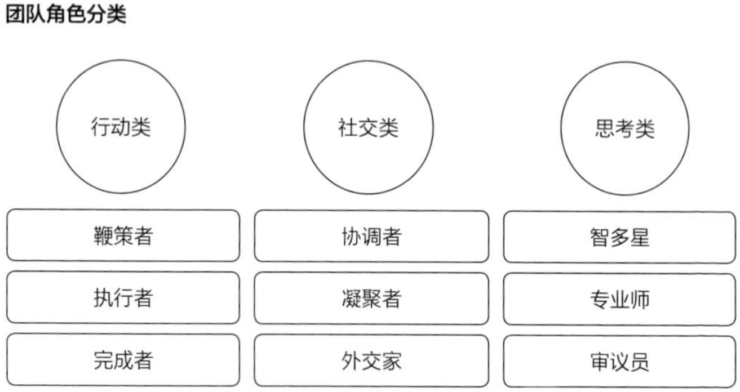

图 1-8　完美小组的 9 种角色

杨凤凯在多年的实践过程中，掌握了组建工作室及工作组的主要原则。杨凤凯工作室“四力”工作组成员信息如表 1-1 所示。

表 1-1　“四力”工作组成员信息

序号	照片	姓名	师徒	职称	工作室成员分工	擅长工作	角色
1		杨凤凯	师傅	集团技能专家	领衔人	采油测试 / 地面工程设计加工 /TRIZ	鞭策者

续　表

序号	照片	姓名	师徒	职称	工作室成员分工	擅长工作	角色
2		沈鸿图	徒弟	工程师	管理员	计算机设计/生产仪器/TRIZ	协调者
3		李丹	徒弟	工程师	管理员	资料分析/组织/记录分析/方法运用	智多星
4		梁士庆	徒弟	高级技师	成员	生产测井	执行者
5		冯国民	徒弟	高级技师	成员	生产测井/现场操作	凝聚者
6		孟东罕	徒弟	工程师	成员	采油测试/电子/软件	专业师

续　表

序号	照片	姓名	师徒	职称	工作室成员分工	擅长工作	角色
7		李雨泽	徒弟	工程师	成员	生产测井/现场操作/外部联络	外交家
8		刘登元	徒弟	工程师	成员	电脑制图	完成者
9		高媛	徒弟	工程师	成员	材料组织、撰写	审议员
10		黄震	徒弟	技师	成员	生产测井	审议员

（三）“四力”工作组活动的基本条件

工作室成立“四力”工作组的主要目的是进行创新，发现现场工作问题，包括工具问题与方法问题。在整个工作过程中，往往会出现时间、地点、资金等方面的问题，而各级领导需要做的，就是在出现问题时给予工作组的活动以高度的重视、热情的支持和积极的引导。领导的重视、支持与引导，不仅要表现在口头上，更要落实到实际行动中。

美国心理学家亚伯拉罕·马斯洛（Abraham H. Maslow）于 1943 年在《人类激励理论》一书中提出需求层次理论，即人类的需求像阶梯一样从低到高分为 5 种，分别是：生理需要、安全需要、社交需要、尊重需要和自我实现需要，如图 1–9 所示。

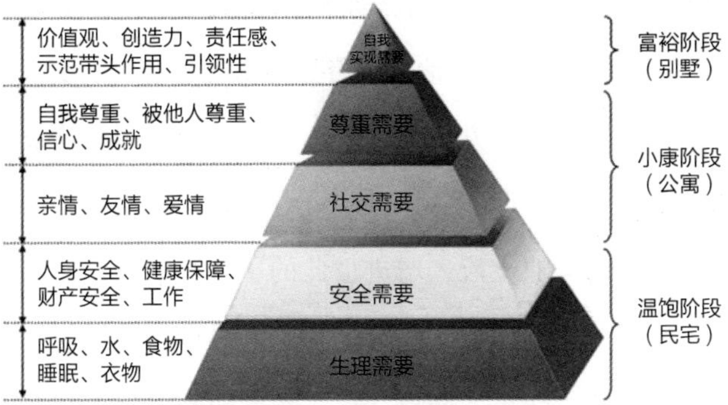

图 1–9 马斯洛需求层次理论

企业相关部门可根据这一需求层次理论对员工进行奖励，如在员工绩效考核、晋级时给予加分；对优秀组员给予表彰；对小组给予培训、物质、金钱奖励等。当员工在基本需求层面上得到满足，才有足够的动力实施创新计划，开展创新行动，实现为企业创效的目标。

“四力”工作组开展工作的基本条件还包括员工对其的认识。企业可以通过宣传、培训等手段，使员工对“四力”创新行动法有正确的认识，打消员工“创新是遥不可及的”这一思想局限，打开“人人能创新，人人会创新”的局面，保持员工对创新的热情，提高员工的改进意识与参与意识，保证“四力”工作小组活动能够长久不衰。

（四）“四力”工作组的日常工作

“四力”工作组的日常工作可分为学习、会议、实践 3 个方面。要开展这 3 个方面的内容，首先要做好团队建设，加强团队凝聚力。所谓团队建设，即有计划、有组织地增强团队成员之间的沟通交流，增进彼此的了解与信赖，使团队成员在工作中分工合作更为默契，对团队目标认同更为统一明确，完成团队工作更为高效快捷。做好团队建设工作可以从以下 3 个方面入手。

1. 转变团队的管理方式，治“本”

想要治“本”，需要从团队领导着手，只有领导改变传统的管理方式，才能更加有效地管理团队。

（1）提高团队的理解能力。员工对工作理解到位，才能有目标和动力。通过培养理解能力，让团队成员充分了解一项工作需要达到的效果，所有成员确定相同的目标，大家在工作中方向一致，在工作中集众人之所长，达到事半功倍的效果。

（2）提高团队的责任意识。没有做不好的事情，只有不认真做事的人，所谓的不认真即对工作的不负责任。责任是职业精神最基本的条件，失去责任感的团队，是不会有所成就的。因此在工作过程中，领导需要培养成员树立责任意识，让成员以责任心为依托，不断学习才能有前进的动力。

（3）提高团队的互信能力。相互信任是一个团队工作的基础，不仅领导信任成员，成员之间更要相互信任。一方面，领导信任成员，敢于放手，团队成员才有发挥的余地，从而激发灵感。另一方面，领导信任成员，可以极大地鼓舞团队成员，使其更加自信。团队成员之间相互信任，彼此依托，可以激发个人潜力，只有相互信任，才能安心创造，才能使工作效率更高，达到 1+1>2 的效果。

（4）提高团队的沟通能力。提高团队的沟通能力可以从以下 3 个方面着手。保证沟通渠道畅通，对团队成员之间的沟通予以肯定，并对相互碰撞产生的火花予以记录；良好的沟通环境离不开相互平等的基本关系，只有互相之间是平等的，才有可能得到有效沟通；明确沟通目的，只有明确目标，沟通才能更有价值；沟通过程中要有一种积极的氛围，以积极的态度进行沟通。

2. 提升团队的综合技能，强“根”

一个团队的综合技能主要包括成员的执行能力、学习能力、绩效能力以及团结能力。

（1）执行能力。团队成员的执行能力是一个团队综合素质的集中体现，直接决定团队的业绩。当上级下达一条指令后，团队成员要快速做出反应，并反馈执行情况。无论团队成员经过多少努力，领导给予多少关切，或者产生了多好的策略，如果执行不到位，一切都将白费。

（2）学习能力。团队成员的学习能力是团队不断进步的前提保障，是一个团队能够攻坚克难的基本要素，可以直接反映出一个团队的创造能力与自我超越能力。团队成员良好的学习能力，可以使企业拥有发展的动力，可以提高团队的整体素质，能使整个企业更好地完成目标，不断向好的方向发展。

（3）绩效能力。团队的绩效能力是整个团队工作效率的集中体现。团队有良好的发展前景的前提，是必须要建立良好的绩效管理机制，提高团队绩效能力，使团队成员可以在短时间内更加出色地完成工作，保障整个企业的利益。要提高整个团队的绩效能力，还需要让每名团队成员清楚：团队的效率远大于个人，不能逞一时之勇而浪费整个团队的精力。

（4）团结能力。团队的团结能力是团队成员之间和谐共处，相处融洽，保障一个团队具有战斗力的前提条件。提升整个团队的团结能力，需要提高团队成员的道德水平，使每名团队成员三观一致，整个团队才能更加和谐，更容易开展创新工作。

3. 培育团队的文化精神，塑“魂”

团队精神是一个团队灵魂的体现，是团队成员之间互相帮助，尽职尽责完成某项工作的象征。培养团队精神可以从意识力、协作力与凝聚力 3 个方面入手。

（1）意识力。意识力是团队成员的大局意识，是团队成员道德水平与奉献精神的集中体现。有了大局意识，每名团队成员就都会从集体角度出发考虑问题，有助于提高团队工作效率。团队的意识力还包括每名成员的个性发挥，通过对不同岗位、不同工种、不同个性的成员从不同方向进行培养，使所有人都可以发挥特长，尽己所能贡献力量。

（2）协作力。协作力是一个团队的核心精神。团队成员之间互补互助，各尽所能开展团队工作，要求团队的领导者具有良好的组织能力，要求团队成员不仅具备个人能力，还要服从组织安排，将团队置于自我之上。团队成员只有相互协作，才能达到 1+1>2 的效果。

（3）凝聚力。凝聚力是团队成员归属感的集中体现，是每名成员都将团队视为自己的责任主体，真切感受到自己是团队中一员的思想境界。只有提高团队凝聚力，团队成员才能忠诚于团队，对团队负责，以团队成功为傲，以团队困难为忧；只有提高团队凝聚力，团队成员才能明确目标，劲儿往一处使，主动服务于团队，形成一种积极主动的良好氛围。

（五）“四力”工作组展开活动的基础保障

做好团队建设是“四力”工作组展开活动的基础保障，是顺利开展创新活动，为企业谋取利益的基本条件。“四力”工作组在做好团队建设的同时做好日常工作，包括学习、会议及实践。日常工作与团队建设相辅相成，互相融合，才能促进团队发展。

1. 学习

在当今社会环境中，各个领域的市场竞争都越来越激烈，要想让我们的团队在这样的环境中有所作为，就需要跟上时代的步伐，需要不断地学习，通过学习提升团队当中每名成员的自我修养。

学习不单是指每个人提升自我修养，更重要的是相互学习，从其他人身上找到闪光点。《论语·述而》中说“三人行，必有我师焉；择其善者而从之，其不善者而改之”。这就告诉我们要想进步，就要善于从周围的人身上学习自身不具备的素质。在学习的过程中，要善于去粗取精，学习别人的优点，摒弃对方的缺点，这样才能有所提高。相互学习的过程也是增强团队精神的契机，培养团队精神的活动也是互相学习的重要方式。

在提升员工自身素养方面，杨风凯工作室采用了开设生产技术讲堂等方法，让每一位员工都可以施展自己的才华，同时也有机会向他人学习，增强自身能力，如图 1-10 所示。

2. 会议

“四力”工作组维持正常运行少不了一次又一次的会议，只有大家坐在一起，通过畅所欲言的探讨，迸发出思想的火花，才能提高工作效率，使工作组开展工作事半功倍。具体会议流程在本书第三章进行详细介绍。

图 1-10　生产技术讲堂

3. 实践

“实践是检验真理的唯一标准。”“四力”工作组开展工作的最终目的是创新，是发现问题、解决问题，要想达到目标，就要进行实践，在反复的实践过程中摸索方向，从而完成目标。具体实践方法可结合“四力”创新行动法进行，在本书第三章进行详细介绍。

五、完善“四力”工作组制度

“不以规矩，不能成方圆。”“规者，正圆之器；矩者，正方之器。”这些耳熟能详的名言告诉我们，必须遵守一定的准则和制度，才能使工作更加出色。

以下为杨凤凯工作室制定的“四力”工作组管理制度。

杨凤凯工作室“四力”工作组管理制度

为更好地发挥杨凤凯工作室的创新、传承作用，保证工作室各项活动有序开展，提高工作室工作质量，特建立“四力”创新工作组，并对工作组制定如下管理制度。

（1）首席专家负责大队所属各项革新工作、培训工作以及制定各设备设施的使用和管理制度。

（2）工作组根据大队各工种培训需求在年初制订出详细培训计划并向员工公布，鼓励并组织员工按照自身需求积极参加各项活动。

（3）工作组应依据生产实际，开展创新创效活动，并鼓励员工积极参与。

（4）工作室在工作日内面向全部员工开放，工作组学习情况记录向全大队公开。

（5）工作组应依据培训相关管理规定，严格选拔、聘任和考核教师，按要求进行动态管理，以实现工作室师资队伍素质的持续提高。

（6）工作组内成员要严格服从工作室培训管理和安排，严格遵守劳动纪律，执行相关操作规程。

（7）工作组中参加各类活动的员工，有义务确保工作室内各项设施完好，严禁损坏和偷盗各项培训设施、设备、教具和工器具。

（8）工作组在开展革新及培训教学活动后，要对各项设备、设施及工器具进行检查清点，将培训用的各项设备、设施摆放齐整，要组织参训人员对培训场地和工器具的卫生进行清洁整理，所有设施、用品一律不得外借。

（9）参加培训活动的组织人员要确保参训人员和各项设备、设施的安全，对各项违章行为，其他人员有权及时制止并汇报。

第二章

『四力』创新行动法的实践应用

一、提问力

员工在工作中想找到解决方案，首先需要做的就是认清所面对的究竟是什么困难，应该从哪些方面考虑问题，这就需要用到提问的技巧。本书所述提问力是一种通过提问引发人们思考，从而明确告知提问者需要做什么的技巧。学会提问的技巧不仅可以让我们在生活中成为高情商的智者，还会让我们在工作中事半功倍。

一般情况下，只要找到真正的问题，那么问题就已经解决 80% 了。

夫妻二人一起做晚餐，妻子对丈夫说："老公啊，你把袋子里面的土豆切一半下锅，就够我们吃了。"丈夫听了妻子的话，乖乖地把袋子里的每个土豆都切成两半，然后把这些半个的土豆都下锅了。很多人听完这个笑话一笑了之，觉得这个丈夫有点傻。实际上，我们认真思考一下，这就是典型的盲目开展工作，没有找到真正的问题是什么。在很多工作中我们都会出现这样的问题，还没来得及思考到底应该做什么，便开始行动，以至于无法真正解决问题。

“四力”工作组作为企业的一部分，作为致力于通过创新为企业创效的一部分，其主要工作就是解决企业中存在的各种问题。在这个笑话里面，丈夫要解决的其实是家人吃晚餐的问题，问题的主体是自己和妻子两人。明白了这个道理，自然就能得到许多信息，比如妻子让丈夫切土豆下锅是为了吃晚饭果腹，那么将每个土豆都切开是没有意义的，这么做是有问题的。

问题一旦明确，就意味着离解决问题又近了一步。

“四力”工作组进行创新时，常常会通过讨论决定创新的方向，因为创新不仅要满足市场需求，还要符合企业实际情况，使企业可以通过本次创新获利。另外，工作组还需要考虑创新过程中可能遇到的困难，以及企业会给予哪些资源、资金、技术方面的支持，这些因素均会影响创新的结果。比如，在“四力”工作组计划会议上，有人提出一项创新计划，该计划未经市场调研，没有得到可行性论证，会议却通过了这项创新计划，这就可能会造成诸如人力、物力、资金、时间等方面的损失。再比如，一项创新计划正在本企业如火如荼地开展，然而实际情况却是该项技术或者仪器早已在其他企业更新迭代多次，即使最终工作组成功完成创新工作，达到最初的要求，然而又有什么意义呢？那么，我们该如何选择创新计划才能符合实际呢？

“四力”创新行动法中的提问力，不仅要求员工对现状有敏锐的察觉，还需要在提问题前把握现状，抓住问题的本质，这是解决问题的初始条件。赵周、李真、丘恩华编写的《提问力》一书中写道：“比知识更加重要的是人的思维方式，在信息过剩的时代，知识可以便捷获取，提问比答案更加彰显价值。高效能人士总是善于通过提问来解决问题，提问质量决定人际关系质量，提问能力决定职场能力，提问水平决定思维水平。”

在生活中有很多关于提问的例子。当今，很多人称自己有“社交恐惧症”，很大一部分原因在于这些人没有学会提问。试想，在工作单位中有位女同事，已经三十多岁但还是单身，你可能仅仅是关心她的近况，随口就问：“你都三十多岁了，为啥还嫁不出去？”这个问题中传达了两个观点，第一个是你认为女性本该在三十岁之前结婚；第二个是这位同事存在某些缺点，以至于目前还是单身。虽然你可能只是简单的关心，但是话语让人很抵触，甚至想要吵架。这个故事中的单身女性，可能仅仅是由于忙于工作不想谈恋爱，也有可能是暂时没有遇到想要结婚的人。但经过你这样的提问，这位单身女性心里会极其不舒服，并将情绪带到工作之中，可能会影响你们之间的关系，甚至还可能当场发飙。

这就是没有掌握提问技巧的后果，但如果你很关心地问这位单身女同事：“最近工作是不是太忙了？有没有人在工作之余给你个依靠呀？”我想这位女同事可能会很开心地与你分享近期的生活状况。

工作如此，家庭生活也是如此。很多孩子在中学时期都特别叛逆，而有的家长却可以像朋友一样与孩子相处，使孩子愿意吐露心声，与孩子一起成长进步，并适时给出指导。但是有些家长由于心里着急，每次与孩子的沟通都很不愉快，以至于关系越来越差，甚至导致了严重的后果。比如，对待中学时期刚刚长出胡须的男孩子，有的父亲会说：“你没刮过胡子还没看过别人刮胡子吗？这么邋遢，你们老师能看你顺眼吗？”这时孩子可能就会对父亲的印象大打折扣。有些父亲可能会说：“你看见我的剃须刀放在哪里了吗？你妈妈又给我买了一个新的，我用原来的就行，这个可以送给你。”在孩子眼里，你只不过是在说旧的剃须刀也能用，但与此同时，孩子也掌握了剃须刀的使用方法。

再比如，在某次相亲晚宴上，你认识了一个女孩，很喜欢，但是感受不到对方对你的关注，如果随口问一句“明天有时间吗”，女孩听见这样的问题，当然态度敷衍，“明天要上班，没有时间”。得到这样的回答，你可能觉得这次相亲失败了。但其实女孩可能只是针对你提的问题如实回答而已，并没有想到你是想试探她对你的印象。但假如你提的问题是“最近看到万达里面新开了几家新店，我同事评价都还不错，不知道你喜欢吃甜品，还是喜欢吃牛排”，就很有可能引起女孩的侃侃而谈，可能她会跟你一起评价哪家甜品最好吃，哪家甜品不对她的胃口，也可能会告诉你她不喜欢吃甜食，但喜欢万达的哪家店铺。这样的交流，不但让你明确了女孩的喜好，也为提出下一次约会创造了机会。

提问与回答占据了我们每天大部分的交流时间，我们不是在问别人，就是在问自己。可能我们只是简单思考“吃什么”“穿什么”“怎么做”，其实是我们对自己进行了一场问答。提问与回答就像呼吸，是每个人正常生活中不可或缺的一部分，正是由于这些对话，才有了我们每天的行动。如果我们在工作和生活中能够掌握提问力的技巧，就会更容易实现自我突破。

清朝散文家刘开在《孟涂文集》中提到“君子之学必好问。问与学，相辅而行者也，非学无以致疑，非问无以广识”，在求取学问之中，要“问”与“学”相辅相成，没有“学”就无法提出疑难，没有“问”就无法增长知识。我国著名教育家、思想家陶行知先生也曾提到“发明千千万，起点是一问。禽兽不如人，过在不会问。智者问得巧，愚者问得笨。人力胜天工，只在每事问”。这就告诉我们，想要创新，首先必须要学会提问。

运动饮料的发明是因为对“普通人喝水多，排尿多，可运动员们喝的水更多，在激烈的比赛后为什么基本不排尿”的思考，如图 2–1 所示；商品条形码的发明是因为对“每件商品如何才能有自己的身份证明？可不可以将摩斯密码应用在商品上”的思考，如图 2–2 所示；万有引力的发现是因为对“为什么成熟的苹果往下掉，而没有往天上飞”的思考。

善于问自己问题的人更容易取得进步，善于问别人问题的人更善于处理人际关系。

图 2-1　运动饮料

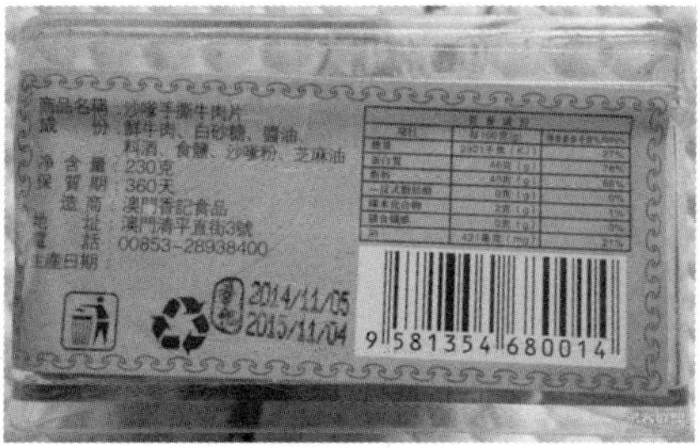

图 2-2　商品条形码

许多时候，提问的不同导致了结果的优秀与普通。掌握提问力，我们就可以在生活、工作、学习中游刃有余，在生活中体现高情商，在工作中体现高能力，在学习中体现高智商。

本章讲述的提问力技巧包括 3 个方面，分别是聚焦式会话、智慧共享、信息共享。

（一）聚焦式会话

聚焦式会话是感知、反应、判断、决定的内在自然过程，它引导人们经历一种发散与聚焦结合的“发现对话”，帮助人们一起思考。它由一位促动技术的管理者主持，通过提出一系列问题让与会者回答，这些问题的答案把人们从话题的表象带入他们工作和生活的深层含义里。

进行聚焦式会话包括以下 4 个层面。

第一个层面为数据层面（objective），主要讲表面现状的问题。这一层面侧重于看到了什么、听到了什么，主要以数据作为支撑。

第二个层面为体验层面（reflective），是在数据层面的基础上进行的进一步反应，主要是使会话参与者对数据产生反应，这种反应可能是一种内在感受，也可能是隐藏的根据数据产生的联想或想象。比如，当会话参与者看到或者听到信息后进行的提问：“什么使你印象深刻？你的第一反应是什么？根据这些内容你想到了什么？”

第三个层面为理解层面（interpretive），是上一个层面的递进，是根据前面的体验引发的思考，这种思考更有意义和价值。比如，会话参与者经过对数据的反应进行提问："可以从这样的内容中得到什么启发？"

第四个层面为决定层面（decisional），是最后一个层面的问题，是可以得出结论，从而结束会话，让人们能够对未来作出决定的问题。比如经过前 3 个层面的思考，提出问题："可以采取什么样的行动？"

总之，管理者先通过主观印象，提出基本的与数据相关的问题，然后通过这些问题引发会话参与者的内在反应或内向感受与联想，进一步根据其反应鼓励其进行思考，挖掘深层意义，最后通过这些思考作出决定或者判断。

生活中有很多通过这 4 个层面进行决定的例子。比如，在开车过程中遇到红绿灯的过程，当司机看到前方的交通信号灯是黄灯（数据层面）时，可能会说："哎呀，变黄了"（体验层面），马上在心里估算能否在红灯亮之前通过十字路口（理解层面），经过以上几秒钟的思索，他决定停车（决定层面）。

4 个层面逐步推进，是每个人内心的自然过程，只是通常并不会引起大家的重视。重视聚焦式会话，掌握其规律，我们的决定才能更有意义。

我们为什么要学习聚焦式会话呢？利用聚焦式会话可以达到怎样的效果？聚焦式会话是一种自然的思考过程，它与心智运作的方式相同，从感官认知到采取行动，鼓励将所有可得的信息进行学习和运用，是一种可在多种情况下适用的会话方法。

聚焦式会话的意义可以归纳为以下 4 个方面。可以使团队中的所有成员都为集体作出贡献；可以帮助成员之间进行有意义的沟通；可以使成员从多个角度开展学习；可以使团队更加团结，更具有凝聚力。

曾经有一位母亲，在学习聚焦式会话后特别兴奋，迫不及待地希望可以学以致用。恰巧那天，她女儿所在的幼儿园组织小朋友去消防队参观。于是，她在女儿参观完回家后，拉着女儿问了 4 个问题。

母亲："宝贝儿，今天去消防队都看到了什么呀？"

女儿："嗯……有红色的房子、大卡车，解放军叔叔还拿着枪（注：小孩子分不清，所以说是解放军），还去了解放军叔叔的宿舍。"

母亲："今天看了这么多东西啊，那有什么让你觉得有意思的吗？"

女儿："有啊，那些解放军叔叔叠的被子好整齐，像豆腐块儿一样，鞋子也放得好整齐。"

母亲："那你觉得为什么今天幼儿园阿姨会带你们去消防队呢？"

女儿："因为幼儿园阿姨想让我们小朋友回家自己做家务，所以才带我们去消防队的。"

母亲忍不住笑了，问了最后一个问题："那你以后准备怎么做呢？"

女儿："我今天上床睡觉前要把鞋子放好，明天我自己穿衣服、叠被子、系鞋带……"

此时，这位母亲感到特别兴奋，以前她也非常想与女儿有深入的交流，但是总感觉谈不下去，每次女儿回家她就问"今天过得怎样啊？"女儿一句"唉，累死了"，对话就结束了。没有想到，通过简单设计的4个问题，女儿居然可以如此深入地思考问题，而且是用小孩子那种独特的视角来看世界，没有被成人的思维定式左右，这才是她最欣喜的。

这就是聚焦式会话的力量，我们可以从这个简单的例子中，学会聚焦式会话的精髓，也就是基本步骤。

那么我们要如何将这几步对话应用到工作中，使之达到事半功倍的效果呢？前面我们讲过，“四力”工作组在做好团队建设的同时，也要做好日常工作，包括学习、会议以及实践，下面我们就这3个方面内容具体举例说明。

情景一：为了提升成员的创新水平，工作室组织开展为期一周的TRIZ创新方法培训，培训结束后，大家总结学习经验，交流学习感悟，以便加深学习印象。

理性目的：帮助团队成员客观交流，深化研讨会成果。

感性目的：建立团队学习的氛围，帮助大家把学到的知识运用于实践中。

开场白：为期一周的TRIZ理论培训已经结束了，现在让我们来总结一下学到了哪些知识，怎样运用这些知识，再决定其他员工是否需要学习这些内容。

数据层面：研讨会都有什么主题？你还记得哪些内容？你大脑中还萦绕着哪些具体词语、词组或形象？

体验层面：哪些变化使你感到激动？哪些结果令你惊讶？哪些事情让你困惑？

理解层面：研讨会上对我们的工作方式提出了哪些挑战？研讨会上对我们现有的工作给予了哪些肯定？给研讨会

拟定一个新的标题。

决定层面：我们小组可以通过 TRIZ 对哪些项目进行深入研究？下一步我们可以做些什么？还有哪些员工需要来学习这些内容？

结束语：我们这次会话太棒了，让我们很快从理论学习转到了实践操作，感谢大家参与智慧的分享。

通过这次简单的会话，不但让成员参与到讨论中来，而且让大家巩固了学习内容，增强了表达能力，达到了预期的感性目的与理性目的。

情景二："四力"工作组刚刚看过一个培训视频。大家需要思考从中获得的体验和感悟。团队中的管理者通知小组成员看完视频后开展讨论。

理性目的：理解视频内容。

感性目的：引导小组成员从看视频转到深层次的对话，讨论视频内容对大家工作的意义。

开场白：各位伙伴，我们一起观看了一个视频，现在我们一起来回顾一下，探讨视频给我们带来的启示。

数据层面：你还记得视频中的哪些画面？哪些话语引起了你的注意？哪些画面吸引了你的眼球？

体验层面：视频的哪些内容最能引起你的兴趣？你看到哪里最投入？有哪些其他的事情或经历让你联想到这个视频中的情景？

理解层面：视频中内容揭示的要点是什么？这个视频的哪些画面影响到了你？你从中学到了哪些新内容？你想给这个视频拟定什么标题？

决定层面：你觉得这个视频对你未来的工作有何帮助？下一步你打算如何进行？

结束语：好，在培训之后分享体会和观点是有益的，感谢大家的智慧分享。

聚焦式会话就是这样应用于我们的学习之中，下面让我们看看如何将其应用于“四力”工作组的日常会议中。

情景三：年度总结大会上，小组全年的业绩数据统计出来了，你希望和组员总结这一年的经历，并制订明年的计划。

理性目的：总结过去一年工作中的经验和教训，以便制订明年的工作计划。

感性目的：肯定成绩，感谢组员的贡献与成长。

开场白：感谢大家在过去一年中的贡献，在制订明年的工作计划之前，我们一起来总结一下吧（可用幻灯片回顾一年来的创新成果）。

数据层面：过去一年你经历了哪些大事？我们做过哪些项目的创新？过去一年我们曾经经历的重要会议或做出的重大决定有哪些？

体验层面：过去一年中哪些事情让你比较兴奋？哪些事情使你感到遭受了挫折和打击？哪些事情对你有很大的影响？哪些事情改变了你的想法或感受？

理解层面：在进展顺利的项目中，我们学到了哪些经验？回顾过往，你怎样评价我们这一年取得的成绩？

决定层面：过去一年的经验和学习收获对我们今年的工作有何帮助？我们需要做出哪些改变？

结束语：我们对过去一年进行了一次非常有意义的回顾，让我们获得了对共同经历的新认识，相信大家都有同感。我会把这些讨论成果整理并打印出来，再发送给各位传阅。

通过本次总结会议，相信每一位工作组成员都会获得很强的荣誉感，并且信心满满地开启未来一年的工作。

除了这种总结型的会议，“四力”工作组还组织召开日常管理会、教育训练会、增进感情会、计划会等类型的会议。不论何种类型的会议，都需要全员进行讨论、思考、学习与实践，活动能否顺利进行，主要取决于能否通过会议充分交流意见。

聚焦式会话为会议能够顺利开展奠定了良好的基础。在此基础上，杨凤凯工作室制定了“四力”工作组会议记录表，如表 2–1 所示。

表 2–1　杨凤凯工作室“四力”工作组会议记录表

活动次数		会议时间		会议地点	
主持人		记录人		组长	
参加人员					
会议主题					
会议记录：					
活动小结：					

杨凤凯工作室根据历次会议召开情况，归纳总结了“四力”工作组会议常见问题。比如，找不到合适的会议时间或地点；会议出席率低，组员发言不积极；会议效率低；上次会议安排的工作没有执行；会议没有内容，会而不议、议而不决、决而不行。常见问题具体表现如表 2-2 所示。

表 2-2　常见问题具体表现

问题类别	问题具体表现
时间（when）	会议安排在即将午餐的时间，每个人都饥肠辘辘，无心开会
地点（where）	会议地点设置不合理，导致会议被频频打断，无法正常进行
人物（who）	必须出席会议的人员未到，参会的是一些可有可无的人员
目的（why）	开会的原因、目的皆不明确，导致会议毫无意义
会议内容（what）	会议准备工作不到位，与会者不知晓会议相关事宜，致使会议讨论内容拖沓而无成效
主持技能（how）	主持人缺乏影响力和说服力，被参会者牵着鼻子走，无法达到会议意图

面对以上常见问题，解决问题的关键是组织者在会议前要做好准备，会议过程中采用聚焦式会话。

情景四：“四力”工作组准备制订新一年的创新计划，为此，他们组织首次讨论会，回顾了前3年创新项目的情况。

理性目的：明确前3年创新项目成功和失败的经验，共享信息。

感性目的：祝贺团队前3年所取得的工作成绩，肯定团队的成功经验。

开场白：近年来，我们的创新成果取得了一定的进展，今年公司要求我们继续做好创新工作，完成一系列项目的创新工作，我们探讨如何能够达到这个要求。首先，我们回顾过去3年的创新工作，看看我们可以从中汲取哪些经验教训，同时也要感谢各位伙伴能够在这3年并肩作战。

数据层面：过去3年，你还记得我们工作中的哪些大事？我们的创新项目都用了哪些方法？我们曾做过最重大的决策是什么？我们认为哪些项目可能会失败，结果却成功了？

体验层面：过去3年，我们有哪些愉快的经历？我们什么时候是最生气的？哪些方面的工作我们开展起来最费力？哪些项目进展顺利？为什么顺利？哪些计划运作不良？原因是什么？

理解层面：过去3年，我们创新的主要成功之处表现在哪些地方？在创新过程中我们学到了什么？创新的趋势是什么？团队合作的关键是什么？

决定层面：未来3年的创新计划必须要解决什么问题？生产中的哪些因素最能唤起我们的创造力？我们将要面临哪些新挑战？制订计划过程中我们必须要解决的最大难题是什么？

结束语：讨论很具有挑战性，我认为它为我们制订计划营造了某种合适的气氛，感谢各位伙伴的真诚分享。

通过一次简单的会议，我们便对制订计划有了充分的准备。接下来，我们可以通过“前线生产中还有哪些困难（数据层面）”“这些困难造成了什么样的损失，给我们工作带来什么样的体验（体验层面）”“生活中有没有类似的事情，我们是如何解决的，前线施工人员有没有便利的方法来解决这一类问题（理解层面）”“我们如何才能完善该工作方法，让员工减轻负担，让我们的企业节约成本（决定层面）”等聚焦式会话，进一步明确接下来所要做的工作，制订未来的工作计划。

不但在学习与会议中需要用到聚焦式会话，而且在实践中聚焦式会话也是不可或缺的一部分。

情景五：在油田工作中，我们经常会遇到各式各样的困难。比如，在水井分层测压施工过程中，经常会出现阻塞器、电子压力计由于各种原因落井的现象，这样就会造成设备以及测试仪器的损失，为生产带来很大影响，很多时候需要依靠作业方式来解决问题。不但耗时耗力，更加浪费成本。希望大家可以结合生活中的经验，分享可能的创新思路。

开场白：在座很多人都做过水井测压工作，相信很多人也都遇到过堵塞器或者电子压力计落井的现象，不仅造成了井下落物，还使小组损失了测试仪器，而打捞仪器常常通过作业方式，更是耗时耗力，浪费成本，严重影响生产作业。今天我们就来探讨一下，该如何解决这个问题，生活、学习中是否有类似的例子可以借鉴。

理性目的：找到打捞仪器的办法，节约成本。

感性目的：引导成员创新思维，增强团队创新能力。

数据层面：近期水井测压施工中掉井的都有哪些仪器？这些仪器有哪些共同点？仪器落井会造成哪些影响？常用的打捞办法有哪些？

体验层面：生活中有哪些物品与落井仪器具有相同的特点？当这些物品掉落时采取什么样的方式进行捡拾？

理解层面：我们该如何把生活中的这些现象应用到现场工作过程中？如果采用同样的方法进行打捞，会有什么优点？又会造成什么样的不良后果？

决定层面：我们应该采取哪些方法打捞仪器？今天讨论的生活类比法是不是以后也可以经常应用？

虽然只是进行简单的讨论，并不局限于是否真的可以解决实际生产中的困难，但是为小组成员提供了一种解决问题的思路。成员顺着该思路能够解决问题最好，如若不能解决，也可以通过讨论拓宽视野，留心生活中的点滴事件，以助于解决问题。

在投捞水嘴作业过程中，经常遇到阻捞不动，必须要安装地滑轮，进行导向振荡解卡。原有的地滑轮必须要先卸掉法兰盘螺丝才能进行安装（有的螺丝已锈死，不能拆卸），但经常由于井场条件所限不能任意方向停车，有的新井看不见法兰盘或被土埋住等情况，导致无法安装地滑轮。

需要寻找一种方式，能够更快、更省力地操作，解决这个问题。杨凤凯每天干活、吃饭、睡觉时都在思考这个问题，当看到建筑工人使用万向爪施工时终于找到了灵感，于是主动找到工地的施工人员求教，并自掏腰包买了一个万向爪回家研究，最终研制出可调旋转防跳地滑轮，如图 2-3 所示。

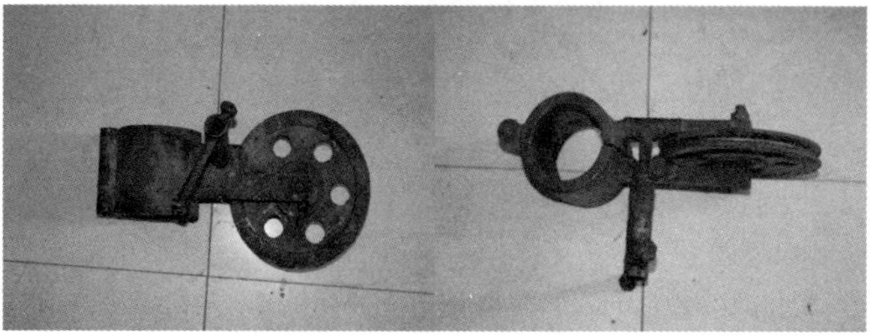

图 2-3　可调旋转防跳地滑轮

可调旋转防跳地滑轮可快速安装在防喷管下部，方便、快捷，安装时不用卸掉法兰盘螺丝，钢丝不跳。这项创新成果于 2007 年获得分公司技术革新三等奖，并在油田各厂矿大力推广，取得了非常突出的应用效果。

聚焦式会话要求全员配合，以下 7 个步骤可作为会话指引，可以让会话起到事半功倍的作用。

1. 适当的会场布置

组员围桌而坐，彼此有目光接触，会场环境优美，可以在视觉与心理上创造会话条件。

2. 第一轮问题

主持人需要让每名参与者都回答一个问题，可以这样问：“第一个问题从小王开始，按顺序轮流回答。小王，哪些问题引起了你的注意？”小王回答后，下一个人继续回答。要求回答流利而且简洁，不要卖弄或者做演讲，最后再对回答和建议进行讨论。

如果组员因为怕回答错误而不敢讲话，主持人可以说：“讨论中没有错误答案。”如果参与者想马上对谈话主题发表意见，或者迅速决定如何解决问题，抑或受谈话主题启发提出一些看法，主持人必须引导群体成员回到处理数据层面的问题。

假如参与者直接谈论抽象的反思，主持人可以重复一遍问题或者把问题再澄清一下。

3. 随后的问题

接下来的问题是面向全组成员的，任何人都可以回答。主持人可以说：“现在，大家随便发言。”

4. 如果有争论

主持人要提醒大家相互尊重各自的观点，每个人都有智慧，也都握有拼图板中的一块。一旦有人提出相反意见，主持人要打断发言人，等第一个发言人结束后第二个人再发言。第一个人说完后，第二个人可以陈述反对意见，但不要争论。主持人分别记录两个人的想法与答案，然后重复原来的问题叫别人回答或者进行下一个问题。

5. 如果人们对别人的回答横加阻拦

主持人可以说："我理解你的想法，可是我不清楚这和问题有什么关系。我知道，你并不赞同某人的观点。那么你可以告诉大家你的想法。"让他们回答问题，然后继续对话。

6. 讨论跑题时

如果主持人感到有人偏离了主题，先肯定他讲的内容很有意义，很重要，也是大家关注的。然后，简要重述到目前为止小组成员就问题而作的发言。主持人可能要重复一遍问题，或者意味着该讨论下一个问题了。

7. 回答很长、很抽象时

如果有人发表长篇且晦涩抽象的发言，主持人可以要求他举出一些具体的例子，如："我想知道你是否可以换一种方式谈这个问题，或者请你举一个具体的例子来说明？"

当然，在现场谈论中我们可能会遇到更多、更复杂的问题，但只要我们按照聚焦式会话的步骤，就会通过会话获得一些收获，这种收获可能与会话的目的有所偏差，但都会为最终问题的解决提供思路。

（二）智慧共享

智慧共享体系最早由张为志在《智能移动终端支撑下的非现场经济》及《非现场经济意识》两书中提出，揭示了在非现场经济时代，由“有智慧”和“无智慧”的质点联合构成的某种空间结构。智慧共享体系是指建立在智能技术集成基础之上，结合社会动力机制和交换机制所形成的一种社会现象。

“智能技术体系”的集成态势包括了互联、物联、云计算、大数据、智能终端、人工智能、量子计算等高新技术平行与集成的发展状态。

技术要素与社会要素（包含社会交换机制、社会动力协作机制等）的结合最终产生了一个人机共用的具有某些类似人脑功能的“社会大脑”。

智慧共享体系的形成与演化经历了3个阶段。物理阶段，即智能技术的大集成；新智慧产生阶段，即人类智慧与任务分布在新的环境下涌现了超出原分布者的新智慧，于是产生了机器智慧；人机智慧的再集成阶段，即人的智慧与不断产生的机器的智慧重新分布和重新涌现，使机器的智慧不断更新，最终使智慧共享体系不断壮大，推动了智慧共享体系的发展，如图 2–4 所示。

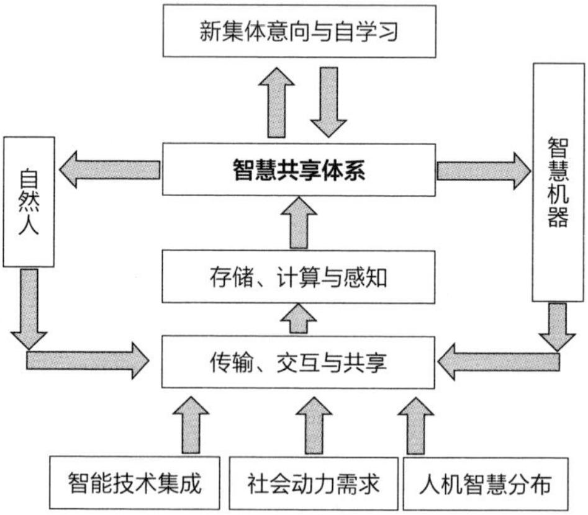

图 2–4　智慧共享体系图

现代社会中，很多劳动过程已经不受时间和地点的限制，智慧型劳动显得尤为重要，它是人类劳动在信息经济高级阶段的主要表现形式，是一种人类适应环境、高效快速地发现事物、创造新事物运动的能力。由于智慧劳动超乎人们想象的发展速度，使人们的智慧劳动具有了前所未有的低成本、高速率的劳动效能。智慧劳动通过由智慧技术、智慧文化共同搭建的“智慧共享体系”展示出了智慧劳动的“成本极低”

和“速率极高”两个特征，最终成就了智慧劳动是社会经济新主导的地位。

在“四力”工作组中，智慧共享可以极大地激发团队成员潜能。智慧共享不仅是人与人之间的交流、分享以及共同进步，更是学习时代的领先技术，是站在巨人的肩膀上去突破和创新。智慧共享对于成员而言是一个互通有无的过程，在这个过程中，成员之间可以互相学习长处，交换资源，使强者愈强，可以借鉴组内其他人的思想弥补自身短处，提炼思想中的精华进行融合，必定会促进组内所有人共同进步。

《诗经》有云：他山之石，可以攻玉。意思是别的山中的石头，可以用来给自己琢制美玉。诗句比喻接纳别国的有才之人为自己国家效力，同时也说明了采纳他人意见对于自身道德修养的重要性。

春秋战国时期，楚国和梁国接壤，两个国家之间战争不断，分别在边境地区设立岗哨，守卫国土，驻扎在两国边境的士兵不断产生摩擦。由于楚梁边境地区的气候非常适合种植瓜果，所以两国士兵都有相同的爱好——在军营附近种植瓜果。梁国的士兵非常勤劳，每天都会精心照料瓜果，定期给果园除草施肥，定期给瓜果浇水，使瓜果长势旺盛。楚兵却只是听天由命，虽然种植的品种相同，但是因为缺少精心照料，种出来的瓜果长势不佳，瓜藤稀少，结出来的果实也又稀又小。楚国的士兵不但不从自身寻找原因，还在一天夜里偷偷溜进梁国士兵的瓜田，摘了许多梁国的瓜果，并扭掉了瓜藤，然后悄悄返回楚营。第二天，梁国士兵发现瓜藤有损，想到前一天夜里看见楚兵鬼鬼祟祟地进入瓜地，就明白了，楚国士兵是嫉妒梁国士兵所种的瓜果，才进行破坏的。想到这里，一名梁国士兵说道："我们一定要报仇雪恨，今天一定要把他们楚国的瓜田全部摧毁，让他们尝尝这种滋味。"兵营里很多人都附和这个声音。不久，这件事传到了梁国边境县的县长耳朵里。他来到军营，对士兵们说："照我说的去做，以后每天晚上，去楚军的瓜田偷偷照料他们的瓜果，施肥、浇水、除草。记得不要让楚军知道这件事。"尽管士兵们不明白原因，但他们还是照吩咐做了。

过了一段时间后，楚军发现瓜田长势变好，瓜苗似乎都充满活力，也像梁军所种的瓜一样，对此他们充满了好奇，决定好好观察。后来经过仔细查看，才发现是梁国的士兵晚上偷偷过来替他们照料瓜果，施肥、浇水、除草。楚兵将这一发现层层上报给楚王，楚王觉得很惭愧，便送了一份礼物给梁国，还赔礼道歉，并保证以后再也不会去梁国土地作乱。梁王欣然接受，并准备了礼物作为还礼。从此，梁国、楚国之间的关系大大缓和，周边国家也更加融洽了。

这个故事告诉我们，只有共同交流，才能达到共同进步的目的。

纵观历史这幅画卷，我们不难发现，很多人通过互相学习，携手画下了浓墨重彩的一笔。马克思与恩格斯同为共产主义的先驱者，最开始思想都有着不同程度的缺陷，但经过一段时间的书信来往之后，他们的思想有了一定程度的升华，后来发表了闻名世界的《共产主义宣言》。互相帮助、相互学习就像催化剂，让人与人的思想发生化学反应，推动我们共同进步。

不仅是个人，国家和民族也是同样，不学习就会被历史的大浪淹没。19 世纪的英国在工业革命之后深知先进技术的重要性，于是它们举办了“世界先进技术博览会”。欧洲各国的人纷纷渡过英吉利海峡来到英国，带来了自己国家的先进科技并学习其他国家的技术，促进了整个欧洲科学技术的蓬勃发展，英国也因此成为“日不落”帝国。同一时代的中国正处于清王朝时期，清王朝执行的是闭关锁国政策，一味沉浸在中华地大物博的自豪感下，不愿向他国学习。

相互学习是一针催化剂，取人之长，补己之短；相互学习是一针强心剂，让人向着梦想奔去；相互学习是一针共荣剂，能让人们共同进步。这种相互学习正是智慧共享的体现。

在生产中，智慧共享的应用更是前有未有的突出。

“四力”工作组极其重视对创新方法的学习，认为只有多掌握理论知识，在生产中共享智慧，才能更好地创造知识，才能拥有更大的智慧。

2017 年 10 月，杨凤凯带领“四力”工作组成员程晓东、李丹参加第二届全国企业创新方法大赛，以“四力”创新行动法为基础，通过智慧共享，应用 TRIZ 理论，完成项目《新型可泄压式快速连接防喷盒》，荣获黑龙江省企业创新方法大赛一等奖，全国企业创新方法大赛二等奖。下面对该项目参赛过程作以简介，读者可根据这一项目，学习智慧共享的本质。

目前，大庆油田有注入井 3 万余口，每年大约有两万井次需要进行密闭测试，如图 2-5 所示。密闭测试时需要用到密闭防喷盒，原防喷盒采用螺纹连接，安装耗时、耗力而且安全系数低，如图 2-6 所示。井中注入的是高压流体，打开采油树闸门以后会有高压流体作用于防喷盒，当压力达到一定上限时，防喷盒会抱死测井电缆，导致测试仪器无法下井。

图 2-5　防喷盒现场应用

图 2-6　原防喷盒

为解决这一难题，工作室综合运用 TRIZ 理论工具，通过最终理想解确定了研究的最终目标，然后通过九屏图、资源分析（如表 2-3 所示）、功能分析（如图 2-7 所示）等理论工具对问题进行系统分析，找到造成测试困难的主要原因，用功能裁剪、空间维数变化原理、预先反作用原理、减少有害作用的时间原理等工具或发明原理进行解题，提出相应的解决办法。再通过因果链分析（如图 2-8 所示）等理论工具，对上述解决办法做进一步分析，找到不足之处，继续采用技术矛盾、物理矛盾、小人法（如图 2-9 所示）等理论工具进一步求解。最终寻找到 59 条解决方案，运用收敛思维对这些方案进行分类、整合、评估、筛选，确定其中 30 条可行性方案，形成专利预案 9 条和发明专利预案 1 条，形成最终成果——新型防喷盒（如图 2-10、图 2-11 所示）。

表 2-3 资源分析

种类	物质资源	能量资源	信息资源	空间资源	时间资源	功能资源
系统	防喷盒	机械能	摩擦力、仪器串质量、扭矩	防喷盒内部、设备周围	施工季节、安装时间	防喷、密闭
系统过去	堵头	机械能	摩擦力、仪器串质量、扭矩	设备周围	施工季节、安装时间	防喷
系统未来	智能快速连接、泄压防喷盒	机械能、电能、热能、光能	摩擦力、扭矩	防喷盒内部、设备周围	施工季节、安装时间	防喷、密闭、控制流体压力、减小摩擦阻力、自动安装

续 表

种类	物质资源	能量资源	信息资源	空间资源	时间资源	功能资源
子系统	盘根室、盘根、螺纹扣、密封圈、防喷盒主体、溢流阀	势能、机械能	抗压强度、摩擦力、扭矩	设备周围、盘根孔	安装时间	密封、连接、抗压、防护
子系统过去	铁、盘根室、橡胶	势能	质量	盘根室内部	施工季节、安装时间	密封、防护
子系统未来	上下盘根室、防喷盒自动连接扣、高新材料主体、润滑油密封系统	势能、机械能、内能、热能	抗压强度、摩擦力、质量	盘根室内部、防喷盒主体	安装时间	自动连接、实现无摩擦
超系统	密闭测井系统（防喷管电缆、测井仪器、加重杆、高压流体等）	势能、机械能、电能	流体压力、仪器串质量、摩擦力、光电信号	防喷管内部、井口内部、设备周围	施工季节、施工时间	密封、录取参数

续 表

种类	物质资源	能量资源	信息资源	空间资源	时间资源	功能资源
超系统过去	简易测井系统	势能、机械能	流体压力、仪器串质量、摩擦力	防喷管内部、井口内部、设备周围	施工季节、施工时间	录取参数
超系统未来	自动化设备	势能、电能、机械能、光能、风能、辐射能	流体压力、仪器串质量、摩擦力、光电信号	防喷管内部、井口内部、设备周围	施工季节、施工时间、测井周期	无线传输、人工智能

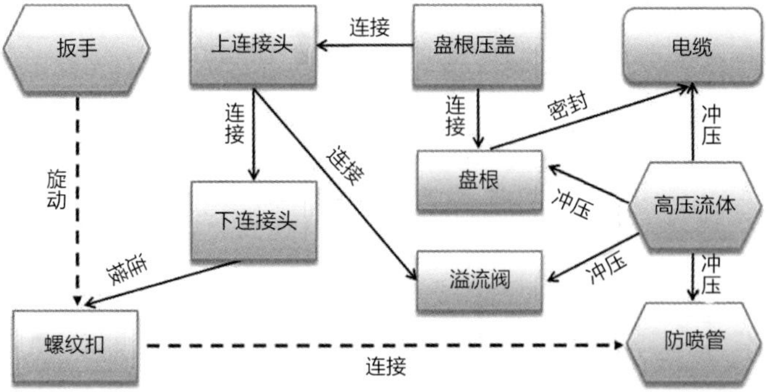

图 2-7 功能分析

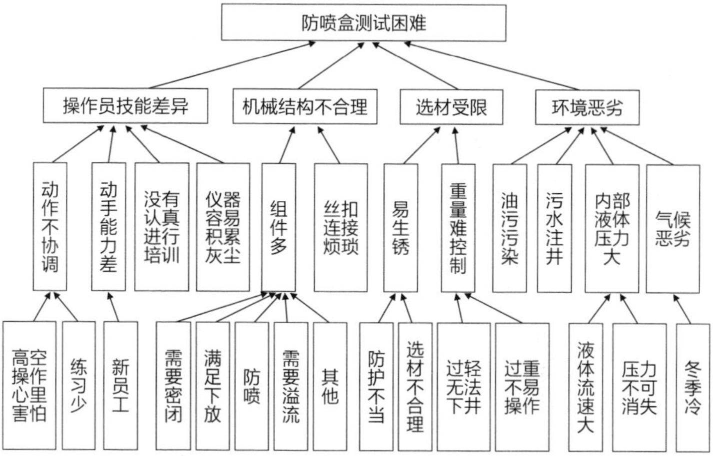

图 2-8　因果链分析

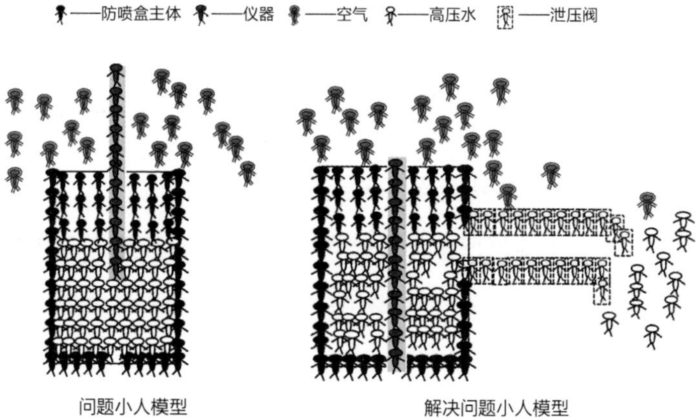

图 2-9　问题小人模型和解决问题小人模型

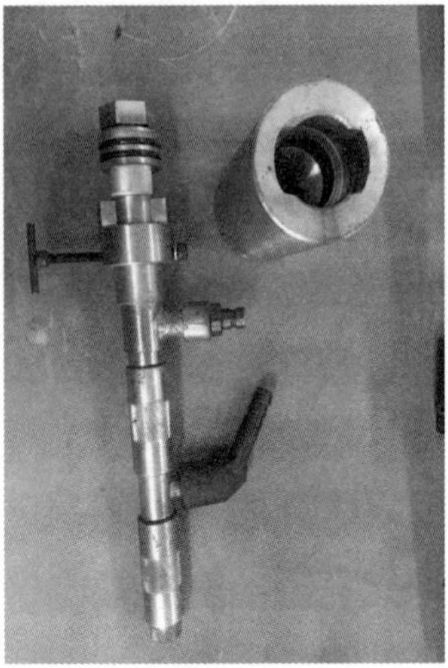

图 2-10　新型防喷盒实物

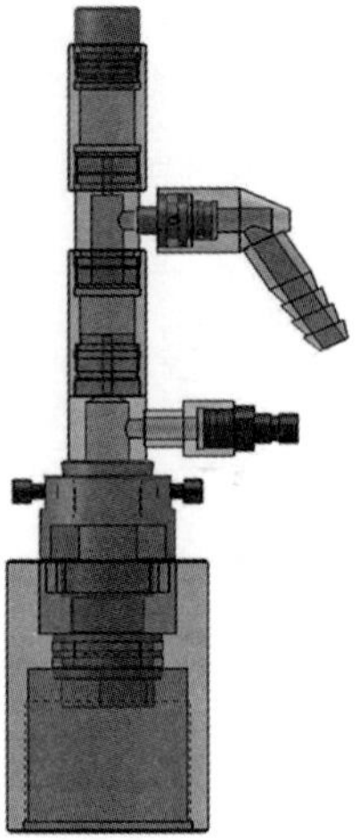

图 2-11　新型防喷盒内部结构三维图

该防喷盒采用直插式快速连接方式取代沿用了几十年的传统螺纹连接方式，缩短了安装时间，减少了安全隐患，并可以解决电缆、钢丝被盘根抱死导致仪器无法下井的难题，提高了仪器下井成功率及测试生产率。

本项目申请的国家实用新型专利已被受理，施工过程可实现零排放，零污染，绿色环保施工。在经济效益方面，设备目前已应用 1400 余井次，额外创造产值 2800 余万元，若全面推广，预计每年可额外创造产值 4100 余万元。

本次比赛以 TRIZ 理论为基础，由此可见，在生产任务中，员工不但要掌握本专业知识，还要广泛学习其他知识，这样才能适应社会发展，为企业作出更多贡献。

（三）信息共享

信息共享在MBA智库·百科中的定义是在不同层次、不同部门信息系统间，信息和信息产品的交流与共用，将信息这种互联网时代中重要性日趋明显的资源与其他人共同分享，以便更加合理地配置资源，节约社会成本，创造更多财富。信息共享是提高信息资源利用率，避免信息采集、存贮和管理时重复浪费的一个重要手段，其基础是信息标准化和规范化，并用法律或法令形式予以保证。

信息共享要求确保信息安全，必须在保密的条件下进行，其工作效率的高低主要取决于信息系统的发展程度。当然，在不同技术水平下，信息共享的程度不尽相同，技术发达的国家，信息共享程度更高；技术发达的企业，信息共享效率更高。

那么我们该如何实现信息共享呢？

“四力”工作组实现信息共享的方式主要有两种，一种是线下信息共享的方式（即能够触碰到的方式），另一种是线上信息共享的方式（即互联网渠道）。下面针对这两种方式分享相应经验。

1. 线下信息共享方式

提到线下信息共享方式，我们首先想到的一种是“例会”。“例会”是我们最常接触的线下信息共享方式，借由会议的形式，让全部组员有发表观点的机会，让一段时间内的每个人接收到的不同信息能够交换和分享，从而达到共同探讨、共同进步的目的。比较常见的例会包括晨会、周总结会议等。

另一种线下信息共享方式是“信息共享墙”，类似于学校的黑板报，可以用来随时更新不同的内容、图画，组员可以随时观看，接收消息。“四力”工作组在办公室内挂了一面白板，平时用于更新最新课题信息，公布一些组员的经验心得，最新的学习报道，工作计划等。在进行例会时，还可以用来书写讲义，更加直观地为组员展现信息。

2. 线上信息共享方式

第一种线上信息共享方式即电子邮件，电子邮件不仅保存时间长久，还能快速地将信息转达发送给任何人，这不仅是“四力”工作组信息共享的方式，也是企业、个人之间常用的信息共享渠道。

第二种线上信息共享方式是企业自有的各种办公软件，

比如即时通信系统等。“四力”工作组通过利用办公软件建立工作群的方式，可以迅速分享相应信息，只不过需要注意信息的保密性。

除了线上方式和线下方式，还存在线上与线下结合的方式。比如，“四力”工作组在工作室内存放了一台计算机，该计算机供所有成员查找信息使用，一个人在计算机桌面留下想要分享的文件，其他人可以通过查阅或拷贝的方式进行学习。在工作室内，还存放有相关项目的设备仪器等物品，为大家学习和查找资料提供了极大便利。

二、共识力

《认同、共识及其价值论建构的意义》一书作者潘于旭提到：“共识是一种在社会生活中寻找社会秩序、社会稳定结构的精神活动方式，是作为行动者之间在相互承认彼此意向的基础上经过反复沟通与理性取舍而形成的一种共同的意向。对于企业来讲，共识应该是在企业处理内部或外部事物时，逐渐形成的基本认知规范。”

在共识的基础上，共识力是指不同阶层或不同利益的人在认知、价值、理想等方面形成共识。共识力能够促进群体诚挚地探究议题的共同点，探讨共同的理解，求同存异，借由描绘共同愿景，通过团队共同参与来达成有效共识。从领导角度而言，共识力包含了领导者在促成共识方面的造诣和潜能。

共识系统就是将已有的价值体系作为基础，使利益相关企业之间达成协议或心理准则，统一整个生态圈的要求与规范。

当今，“新”与“快”的商业趋势，迫切要求企业以共识力来保证战略执行的灵活性；“平台经营”的商业生态，迫切要求企业以共识力来驱动可持续发展的商业生态圈形成；“小事会致命”的时代特性，迫切要求企业以共识力来应对突发的危机事件。企业若没有共识力，就不能建立与其他企业之间的共识系统，那么，最终面临的必将是失败。

桥水基金创始人、现任桥水投资公司董事长瑞·达利欧（Ray Dailo）在《原则》一书中提到：“要想让一个机构有效运作，其员工必须在很多层面保持一致，从享有共同的使命、如何对待彼此到在追求成功时明确每个人的职责。但是，不要把保持一致当作理所当然的事，因为人与人是极为不同的。

我们看待自己、看待世界都有自己独特的方式，所以要不断努力去探究什么是事实以及该如何作为。”

《为什么丰田能够永续经营》一书中提到：“经营人员、管理人员或者现场管理人员都应该具有一种共识，或者通过一些管理标准来了解自己的公司，这就是常说的标杆法，他们必须要掌握这些能达成共识的方法，进而将公司的经营计划、经营实际状况落实到每个角落。”

这些说法无一不证实了共识力的重要性，没有共识，企业员工就没有办法合作。任何前瞻性的战略或伟大构想，都需要在具有广泛共识的基础上才能被正确执行。只有形成共识，才能获得认同；只有获得认同，才能凝聚力量。所以，建立标准，强调共识，是现代企业发展的基础，是其日常管理必不可少的一部分，是引领企业不断向前发展的动力。

杨凤凯工作室归纳总结出团队共识有 4 大意义。一是求同存异，接受个体有不同的立场和角度，接受个体对同一主题存在不同的观点，接受个体有不同意见和建议。二是缩小差距，找到观点和立场不同的地方，进一步剖析和解释，引导对话，减少误解。三是扩大共识，寻找大家都能认同的观点和措施，建立有效对话氛围，扩大共识范围。四是共赢共创，形成一致意见，共同完成对利益相关者都有利的行动策略和计划。

杨凤凯工作室归纳总结出提高团队共识力的6个步骤：聚焦关系→聚焦主题→头脑风暴→提取关键词→图示化赋予意义→确定可实践行动。下面对这6个步骤一一进行讲解。

（一）聚焦关系

聚焦关系即对团队成员进行探索性关注的过程，需要团队成员增加互相交流，达成利益捆绑，从而使关系更融洽。正所谓一根筷子容易被折断，十根筷子不易被折断，只有将团队成员关系聚焦，团队凝聚力得以提升，才能在工作中体现团队优势。聚焦关系可以体现在平时的工作和学习过程中，也可以在实际问题解决过程中进一步增强。具体的操作方式可以分为以下两种。

增强成员之间的荣誉感。荣誉感分为个人荣誉感和集体荣誉感，一个成功的团队，首先其成员要具有个人荣誉感，能在团队中找到自己的价值所在，才能有努力的方向，有前进的动力，继而拥有集体荣誉感。而集体荣誉感是整个团队可以做出成绩的关键所在。增强团队成员的荣誉感，可以通过定期分享优秀个人案例，团队领导公开表扬等方式。不论是优秀个人案例分享还是领导公开表扬，其主旨都是让团队成员互相交流，有榜样力量，有信心工作。在增强团队集体荣誉感时，可以在组内再分组，开展木桶效应决定胜负的竞争项目，这样不但能激发团队成员的前进动力，还能通过互相帮助增强成员之间的亲密感。

提高上下层级的联动力。只有上下层级不断沟通，才能打破生疏，提高工作效率。面对困境，上层领导应该加强对工作的总结，经常召开总结例会，分享近期工作数据，从这些数据中反思近期工作情况。通过反思，不但可以回顾工作过程，也可以使团队上下一心，劲儿往一处使。日常工作中，上层领导还要对团队成员多加鼓励，在增加亲和力的同时，切实解决实际问题。我们都明白，精神支持并不能完全解决问题，发现问题后，上层领导不能仅将解决问题落实在口头上，还要在人力、物力、财力等方面予以适当援助，只有这样，成员才能安心开展工作。

（二）聚焦主题

聚焦主题是在探索问题时，将问题明确化的过程，可以通过设置聚焦原因等方法，开放性地探讨问题本质，最后找到重点，从而实现聚焦。

一位教育学家曾说：“想要有所成就，就必须明确目标，然后再行动，朝着目标奋斗。”一群人聚集在一起，如果每个人的目标都是一致的，那么就能称为团队；相反，如果每个人的目标不一致，那么就不能称为团队。对于团队创新工作，聚焦主题的意义就在于明确团队当前的工作目标，使团队成员有明确的奋斗方向，进而才能完成创新的任务。

确定目标，聚焦主题，从而开展创新活动可以从以下 3 个方面入手。

1. 制定团队阶段性的目标

团队在工作中经常会出现一个问题，每名成员每天都在很认真地工作，但最后没有成果。团队召开会议时，时间都浪费在无效的争议与辩论中，效率很低。这个问题是怎么产生的呢？我们又该怎么避免呢？其根源就在于团队成员没有统一的目标，不知道自己该朝哪个方向努力。因此，在团队工作的初期，就应该制定月度目标、季度目标、年度目标，将目标具体化。

月度目标，是结合当前企业实际情况，整理出近期能够达成的成就，并将其设定为目标。团队成员本月最主要的工作就是努力实现所设定的月度目标，其具体意义是可以指导行动。季度目标，是根据企业需要设定的中期目标，它像路标一样，可以指引工作者方向，可以衡量工作效率，可以使工作得到推进。年度目标，是结合企业实际制定的能够帮助企业取得进步，并且员工通过努力能够实现的目标。这个目标应能起到鼓舞人心的作用，像灯塔一样，为整个团队指引方向。

当然，各个目标并不是相互独立的，月度目标需要立刻形成，产生效益。而季度目标与年度目标需要在月度目标的基础上，查缺补漏，使工作更加和谐高效。另外目标制定后，可以根据实际情况再进行细微的调整，这样月度目标、季度目标以及年度目标会更加协调。

2. 明确每一项任务需要达到的目的

不论何种工作任务，都需要明确任务的核心目的是什么，通过这项任务要解决什么问题，以结果为导向，然后按照轻重缓急进行工作安排。但是在实际工作过程中，有些人总是还没明白任务的目的是什么，就开始实施工作，虽然态度积极，但是效率不高，工作也容易偏离方向。

在团队工作中，如果想让所有成员都按照要求做事，就需要在开始工作前，向成员传达工作目标与意义，只有当每名成员都能明白任务和目的时，才能劲儿往一处使，高效率地完成工作。

举个简单的例子，目前的石油开采方式与自喷井时代不同，需要用水驱或聚驱方式采集石油，那么在以水驱动石油开采的过程中，需要知道井内每层的注水量，目前采用的方式是通过计算探测放射性元素到各层的时间差，这就是双示踪测试法。测井时使用的固体和液体两种放射性示踪剂，其中尤其是液体示踪剂具有较强的辐射性。在双示踪仪器安装测试过程中，需要 2~3 名员工穿着笨重的防护服，而连接仪器的时间有时候长达 5~7 分钟，其间虽然有防护服的保护，但人体依然会受到长时间辐射，危害员工自身安全。那么该如何解决这个问题呢？“四力”工作组制订了计划，决定在一个月内提出可行的方案，并完成相关仪器的设计。

这时，大家没有着手点，不知道从哪里下手，每个人都有自己的想法，想要印证每个人的想法，不但会浪费资金，时间方面也不允许。那么该如何完成这项工作呢？

主持人召开工作会议，首先向大家阐述本次会议的主要目标，然后成员之间进行探讨，提出观点。会议上，员工甲提出，通过防护的三大要素，即时间防护、距离防护、屏蔽防护来寻找问题的根源。比如，通过改变目前已有仪器结构，缩短接触时间，从而减少辐射影响。员工乙提出，通过设计机械手或机器人完成全系列操作，从距离上减少人员受辐射影响。员工丙提出，在固定位置设置防护网，人员通过防护网，将戴着防护手套的手伸出，从而完成操作，减少辐射影响。经过一系列的探讨，工作组最终决定，对双示踪仪器进行改进，使得安装测试过程方便快捷，并将这一改进计划纳入年度工作计划中。

经过初步的讨论，明确下一步大家构思的方向，接下来就可以对如何改进双示踪仪器，才能方便、快捷地安装测试进行讨论。通过进一步研讨，员工甲认为此项改进的难点在于安装测试方便快捷的同时，还要做到以下三点：一是保证仪器密封，以达到测试顺利的目的；二是保证中心过线，以确保信号传输通畅；三是保证具有一定的抗拉能力，以防止因仪器遇卡造成连接处脱开。员工乙认为洗衣机进出水管在连接时，操作简单，可否以此作为参考，将原连接方式改动为直插连接，这样成本最低，修改幅度最小。在这个发言基础上，工作组成员更加明确了方向。最终通过共同努力，完成双示踪测井仪液体源仓快速连接器的设计，如图 2-12 所示，成功解决了问题。

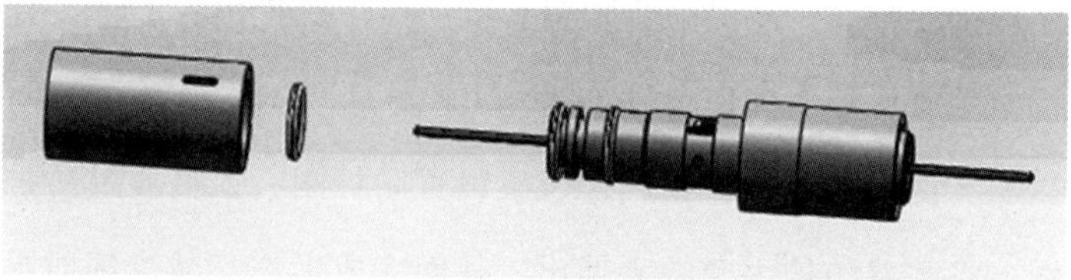

图 2-12　双示踪测井仪液体源仓快速连接器

这就是典型的通过明确任务目标从而明确工作方向，进而通过努力，实现目标的例子。

3. 成员共同参与目标的制定

要聚焦主题使团队工作更有成果，需要制定目标。但是，有了目标并不代表每名团队成员都能了解，该如何确保每名团队成员都了解工作目标呢？这就需要在目标制定的过程中，让成员都参与进来。当所有人都参与了目标的制定过程，就可以知晓下一步的行动安排，当团队共同制定目标时，成员可以当场提出疑问，这样不但有利于减少矛盾，而且能提高成员的工作热情，防止成员在出现问题时抱怨“这个目标本来就不合理”。

“四力”工作组成员一般在 10 人左右，主要考虑共同制定目标的可行性，试想如果工作组成员达到几百人，大家该如何共同参与目标的制定呢？会浪费很多时间与精力。当然，对于“四力”工作组，共同制定目标也是存在困难的，这种困难目前主要体现在两个方面。工作组成员来自企业不同的岗位，每个人闲暇的时间都不尽相同，该如何确定时间，使每名成员都有时间参与目标的制定呢？当成员人数少时，该如何让制定目标的会议更有效果，大家都能积极发言而不冷场呢？主要关注的点是团队成员对“四力”工作的理解，如果前期工作到位，工作组成员对待创新工作抱有积极向上的态度，那么这些问题就会迎刃而解。

（三）头脑风暴

头脑风暴是由美国创造学家 A.F. 奥斯本（Alex Faickney Osborn）提出的，其主要作用是使工作组成员可以在一个相对融洽的氛围中开展会议，联想自由不受限制，打破常规，从而能够畅所欲言，积极发表自己的观点，相互碰撞思路，产生新的解决问题的方案。

头脑风暴法在应用过程中，要求集中召开会议，有明确的主持人，主持人需要向参会的组员说明开会的目的及规则，并努力营造融洽的氛围，主持人一般不发表见解，组员自由发挥，尽可能地积极碰撞观点，产生较多的解决方案。

“四力”工作组在以企业创新为目的的前提下，参照A.F.奥斯本提出的头脑风暴，形成符合工作组风格的头脑风暴法。工作组头脑风暴会议分为两种情况，分别是提出设想型会议和归纳设想型会议。提出设想型会议主要为寻找更多解决方案而展开，归纳设想型会议主要目的是将多种方案以实际情况为背景，进行归纳总结，形成可实际应用的方案。“四力”工作组头脑风暴会议要求全员参加，一般以工作组组长为主持人，组长只主持会议，无须对组员的各种设想做出评论，选择工作组中的一名至两名成员作为记录人，无论组员提出的设想是否能够实现，均记录在案。

按照头脑风暴要求，工作组在组内提出以下会议原则，组员务必遵守，以确保会议能够正常举行。

（1）会议过程中，发言者不能自谦也不能对他人的想法提出批评。头脑风暴主要通过大家提出的各种天马行空的想法，找到解决问题的蛛丝马迹，任何批评都可能导致组员畏缩而不敢继续提出想法，这将严重影响会议进程。要知道，正是因为希望人类也有翅膀的荒诞想法，才有了飞机的产生，直至今日航空公司遍布全球；正是因为想在互联网中开设虚拟店铺的荒诞想法，才有了网店的出现，直至今日网上购物成为日常；正是因为想去月球一探究竟的荒诞想法，才有了登月计划，直至今日嫦娥五号已经进入太空。正是这些天马行空的想法，才有灵光一闪的灵感，发现解决问题的突破点。所以，在会议过程中，不能出现“这想法不合规”“这思路太老套了”等评价，要创造一种轻松的讨论环境，在相互激励中开拓思路。

（2）提出的设想方案越多越好，在保证主体方向的前提下，尽可能多地提出解决问题的方案，提出的方案越多，代表思考角度越广，这样才能多方位分析，最终优中选优，得到理想的解决方案。

（3）人人平等，不得因地位、以往成绩等因素，偏于记录某一成员的言论，不能相互吹捧。所有观点必须一一记录在案，只有这样才能激发员工的思考动力。

（4）避免私下交谈。与会人员要独立思考，畅所欲言，但不可以私下交头接耳，以免影响他人思考。

（5）鼓励成员改善设想。当一名成员提出某一项设想时，其他成员可以以这条设想为基础，通过结合自己的想法进行改善与补充，使原有的设想更加完善。

（6）集体利益高于个人成绩。会议过程中，主持人要多方面强调集体利益高于个人成绩，避免个别成员因私心隐瞒想法，造成时间、费用与精力等方面的浪费。

“四力”工作组头脑风暴会议的步骤与其他会议的步骤大体相同。第一步为会前准备，明确会议主题，选取会议主持人和记录人，确定会议时间、地点；第二步为会议进行，主持人掌控会议时间与进程，力求让大家在有限的时间内提出更多的设想；第三步为归纳总结，将会议过程中记录的各种设想归纳总结，进行归纳设想型会议，找出可行性方案。

“四力”工作组还需要遵守头脑风暴的 6 大原则，包括延迟评判原则、自由畅想原则、以量求质原则、综合改善原则、突出求异创新原则以及限时限人原则。

这里我们引用一个关于采用头脑风暴法研讨上市新品的案例。某中小型电器生产企业，产品竞争力一直不够突出，市场占有率不高。该企业销售部主管为了能研发一款受大众喜爱的新功能电器产品，将企业内不同部室人员 10 人组成创新小组。该名主管将创新小组带到公司附近一家酒店开展训练，为新功能电器的发明进行头脑风暴。他要求小组成员在接下来的训练中力求排除万难，按流程要求坚持学习。第一天为破冰训练，通过各种游戏项目，让组内成员相互认识、了解，使成员快速进入角色。第二天召开头脑风暴会议，主管做主持人，并选取小组内两人作为记录人，大家展开了非常激烈的思想碰撞，最终提出了300余条创新方案，整个小组成员都很兴奋。第三天和第四天，大家继续头脑风暴，对300余条方案进行归纳，并根据目前的人力、物力、财力情况，找到40余条通过努力可以实现的方案。继续开展头脑风暴，组员激烈讨论，最终优中选优确定了一条可以实现并且预期良好的方案。第五天，组员开始为他们预期的产品命名，这时组员已经可以很熟练地掌握头脑风暴的要义，不到两个小时，便提出了200余个名字，主管暂时将所有名字保存。第六天，主管让大家根据记忆，先思考预期产品，再默写名字，这时组员们提交的名字开始出现偏差，最后根据大家记忆的共同点，找到3个公认可行的名字。第七天，成员征求顾客意见，确定最终名字。

经过一周的讨论，公司确定了产品研发新思路。该产品刚一上市，就受到了很多顾客的欢迎，迅速占领市场。究其原因，一方面产品特征明显，能引起共鸣；另一方面，产品名字朗朗上口，让人过耳不忘。

俗话说："三个臭皮匠，顶个诸葛亮"，采用头脑风暴法就是通过让大家畅所欲言，在会议过程中集思广益，该方法尤其适用于解决那些需要大量构思与创意的问题。

企业的决策者往往都是领导，但是领导的智慧也是有限的，不能面面俱到。比如，领导组织某项活动，由于思维定式，提出的方案都离不开固有模式，这样，不但会使活动形式单一，还会使员工厌烦，丧失工作热情。再比如，领导在管理过程中，遇到一些想不出解决办法的问题，这时就可以展开头脑风暴，听一听员工的建议，这样既能体现民主，又能提高员工积极性，还能减少领导决策时的失误。

在头脑风暴过程中，领导可以主动为员工创造交流机会，有意无意地提出问题，使员工尽情发言，脑洞大开。员工在这种环境中，很容易提出新奇的意见，一些看似古怪实则大有用处的想法就会迸发出来。

开展头脑风暴无须在正式场合，只要环境令人轻松，没有顾忌，可以大胆发言即可。实践证明，在创新小组中进行头脑风暴是产生解决问题方案必不可少的步骤，也是使组员关系融洽的一种可行方式，一举多得。

在企业管理中，灵活而巧妙地使用头脑风暴能使领导和员工关系更加融洽，最大限度地使大家智慧的火花得以迸发，进而最终形成一个个好的创意或方案，制定出一些切实可行的工作措施，寻找到一些解决疑难问题的办法。

（四）提取关键词

关键词的英文是“keywords”，它指在索引过程中所用的词汇，多用于表达文献的主题，常见于科技论文与学术报告等文章中。我们这里说的提取关键词是指在头脑风暴后，将所得方案进行整理与提炼，将众多观点转化成简单的词语，方便后期付诸行动。

提取关键词的优点很多。一是便于理解，关键词是经过大量思考最终提炼出来的，可以表述出其对应的核心信息。二是便于记忆，与长篇大论相比，寥寥数词一目了然，记起来也会方便许多。三是便于拓展，关键词概括性能强，可以引发我们思考，从一个词联想到另外一个词，容易产生联想，发散思维，发掘更多内容。四是便于节约时间，关键词字数少，记忆方便，在记录过程中可以节约记笔记的时间，当我们进行回忆时，也会更加迅速地找到关键点。

那么该如何提取关键词呢？“四力”工作组总结出提取关键词的3个原则。第一个原则是简单原则，如果你描述一件事需要长篇大论，不断重复，那么说明还没有真正理解它的含义。日本一位管理大师曾说："我们往往容易将简单的事物复杂化，但其实事物的本质就是简单的，有些事物看起来复杂，是因为组成它的简单事物多。人类的基因就是很好的例子，多达30亿的碱基排列构成人类基因，但实际上基因密码只有4种。"这表示，寻找关键词务必要简单，但简单不等于浅显，简单的关键词便于记忆也便于理解。第二个原则是核心原则，简单的表述是不够的，还需要找准核心，表达重点与关键之处，这样可以快速厘清要点所在，便于进行思考。第三个原则是采用名词或动词，我们在提取关键词时，一般应首先考虑采用名词或者动词，因为这些词语很容易在头脑中形成图片印象。

（五）图示化赋予意义

在提取关键词后，我们可以运用图示化的方式，更简单明了地表达其主体思想。由于人们对图形的印象比对文字和数字的印象更加敏锐，所以图示化可以作为辅助的逻辑思维。所谓一图胜千言，很多时候再简练的描述，也抵不过一张图片表述得精准与令人印象深刻。

图示化的方法包括以下4个步骤。一是汇总关键词，将关键词全部写下来并分组。二是选择构图要素，关键词之间要借助一些构图要素才能形成相互联系，比如 TRIZ 中提出的因果链方法，不同的图形代表不同的含义；再比如鱼骨图中，不同的线条意义不同。三是确定关系，确定关键词之间的相互关系，用线段和箭头表示。四是形成最后的思维图形，将自己的想法向他人说明。

（六）确定可实践行动

如果经过前面的步骤后，还有很多方案不知该如何进行选择，那么就需要在图示化的基础上，进一步确定可以实践的行动。

以头脑风暴中的中小型电器生产企业为例，当销售主管带领小组成员进行为期一周的头脑风暴后，产生了 300 余个方案，在进行方案归纳汇总时发现仍然有 50 余个方案不知该如何选择，那么该怎么办呢？这就需要结合提取关键词与图示化赋予意义，将方案简化，分类归纳，并根据理解将归类的关键词用图形的方式自圆其说，通过图片，可以进一步筛选可行性方案。在提取关键词时，将每条方案的关键词写出来，然后将这些关键词按照一定的方式归类，这些方式可以是按照效果、按照成本、按照需要时间等。通过图示化的方法，进一步厘清关系，找到最能揭示本质的方案，就找到了可以实践的行动方案。

三、行动力

在山西青年管理干部学院学报中，有一篇关于行动力的文章，指出行动力就是具体的战略意图在自制力的作用下，不断突破自己，从而实现目标。对于“四力”工作组而言，行动力不仅指团队领导的领导力，也指团队成员为完成共同目标而采取行动，对团队计划事项的执行能力。

在共识力的基础上，将方案或想法付诸行动十分重要，那么该如何提高行动力呢？“四力”工作组将小组行动力的提升方式归纳为 3 个步骤，分别是快速产生行动方案，自动分组、自发完成工作，启动集体智慧与效能。

（一）快速产生行动方案

当今，拖延症“患者”随处可见，他们是思想上的巨人，但却迟迟不开始行动，成了行动上的矮子。每个人都希望可以在第一时间开始行动，个人如此，团队更是如此。明明已经明确了工作任务，但是组员们却相互推诿，将任务不断拖延。有的成员觉得行动方案很好，希望可以早日完成，但却发现身边的组员还没开始行动起来，自己的行动计划只能暂时搁浅，就这样一拖再拖，直到接近预期时间，才发现大家都还没开始工作。

一个优秀的“四力”工作组，应该在行动方案产生后，第一时间展开行动，而不是有了方案即可万事大吉。小组成员产生懈怠情绪，不能及时开展工作，开始有拖延的表现，将会对方方面面产生影响。第一，容易造成组内成员焦虑，组员们没有第一时间开始行动，可随着时间的推移，逐渐发现计划难以实现，便开始恐慌，甚至怀疑自己，怀疑整个小组的工作能力。第二，影响组内成员之间的感情，破坏小组凝聚力。小组成员之间的友谊与默契是通过不断磨合形成的，一旦在工作上带有情绪，开始拖延工作，小组成员之间也可能相互怀疑，最终导致凝聚力减弱。第三，计划无法实现，得不到相应的奖励，导致下一项目无法进行，形成恶性循环，最终导致小组成员人心涣散。

那么，该如何保证组员们可以在第一时间展开行动呢？“四力”工作组通过对大量工作进行归纳总结，形成以下 4 种方式。

（1）营造互相竞争的氛围。我们都有过这种体验，当参加比赛的时候，总是会心情紧张，进而专心致志，争分夺秒完成参与的项目。但是当我们自己在练习时，就很容易分心。这就是由于竞争的氛围感而产生的影响。竞争氛围感有两种形式，第一种是小组与小组之间的竞争，第二种是组员与组员之间的竞争。小组之间的竞争是保证整个小组团结协作的前提条件，而组员之间的竞争是在协作的基础上，发挥每个人的潜力，使每个人都能保持专注的态度。

（2）因人而异，妥善安排。有的人并不善于英语阅读，偏偏在年初定下的目标是看一本国外著作，并对其中的片段进行背诵。于是，每当他看到不认识的词句时，就读不下去了，最终放弃了年初制定的目标。对于“四力”工作组，在行动前，要掌握每个人的优势，妥善进行安排。只有因人而异，才能使每个人都发挥所长，整个工作组的工作才能更加和谐，同时保证每个人情绪高涨，工作积极。

（3）从易到难，逐步实施。“合抱之木，生于毫末；九层之台，起于累土；千里之行，始于足下。”不论多么困难的工作，都需要逐步做起，具体从哪里开始，也需要经过思考。比如，有人决心学习英语，若是一开始就读《哈姆雷特》原文，不但会挫伤自信心，还有可能根本无法坚持。若是从基础学起，从简单的《新概念英语》读起，逐步积累经验与知识，终有一天会流利地阅读《哈姆雷特》。

（4）给予适当的奖励。奖励机制是企业有效的管理手段之一。员工工作的动力一方面来源于理想，另一方面来源于奖励。如果在工作组内，只要求组员进行额外的创新工作，而没有相应的奖励机制，那么即使一开始组员会因充满好奇心而有激情参与活动，后期也会逐渐懈怠，使创新工作无法继续。

（二）自动分组、自发完成工作

提升行动力的另外一个重要方式是鼓励组员自动分组、自发完成工作。自动分组、自发完成工作代表小组成员积极性高，工作能力强。没有任何企业的领导希望自己的员工是牵线木偶，在领导的推动下才能开展工作，这在激烈的行业竞争中是最大的危机。对于“四力”工作组，组员的工作主动与否诚然有很多个人因素，但环境同样也很重要。通过前面的学习，我们已经知道了工作组需要不断培养员工的凝聚力和创造力，那么如何才能让组员们自动分组、自发完成工作呢？“四力”工作组总结出以下 3 种方法。

（1）不断鼓励，互相支持。通过对提问力与共识力的学习，我们知道创新工作组在工作中需要多次讨论，才能制定目标，提出达到目标的解决方案。但是讨论毕竟是通过“说”与“想”，并没有实际进行操作，在将想法付诸实际行动的过程中，一定会遇到诸多困难，在困难面前，组员很容易打退堂鼓，一旦出现这种情况，就需要领导不断鼓励，小组成员之间相互支持。

（2）创造分享文化，打造开放小组。“四力”工作组要不断实现创新目标，离不开小组的分享与开放文化。通过分享失败案例，工作组成员可以汲取教训，少走弯路，提高工作效率；通过分享成功案例，工作组成员可以学习经验，了解工作进度，提高员工工作积极性。

曾经流传这样一个小故事，两个学历不高的人在河边钓鱼，有一名博士生在一旁观看。没过多久，其中一个钓鱼人放下鱼竿，只见他伸伸懒腰，几下子从河面上如履平地般走到了河对面，博士生看了之后简直惊呆了。不一会儿，只见另外一个钓鱼人也站起身来，同样在河面上健步如飞。博士生看见后简直无法相信自己的眼睛，反复思考这是什么原理。这时，钓鱼的两人又从河面上稳稳当当地走了回来。博士生很想去问个究竟，但是碍于面子，不愿去提问。他想：“既然这两人能做到，自己肯定也能做到。”于是信步走向河面，只听“扑通”一声，博士生掉进了河里。河边钓鱼的两人赶紧把他拉起来，问：“你为什么要跳河呢？”博士生听了很窘迫，只能老实回答：“我看你们在这河面上来回行走，以为我也可以，结果掉进了河里。”两个钓鱼的人扑哧笑了出来，告诉他：“这里有一排桩子，可以踩着行走，你想要从这里过去，可以问问我们啊。”故事虽然好笑，但却告诉我们分享的重要性。“四力”工作组成员之间也需要学会分享，只有这样才能促进团队的进步。

（3）养成自主习惯。有的人在工作过程中，遇到问题就向领导请示，离开领导则完全没有办法进行工作，这就是没有养成自主习惯的原因。“四力”工作组从小事开始培养组员的自主工作能力，做好小事，逐渐养成自主工作的习惯，加上领导的鼓励和同事之间的分享，团队的工作效率将会大大提升。

深圳有一家公司，老板从不要求员工加班，但是在公司内部员工加班却是很普遍的现象。这是为什么呢？仔细观察会发现，公司规定员工下午五点半下班，但是下午六点半会安排班车送员工回家。为了避开晚高峰，大家自愿加班一个小时后坐班车回家，这样既不用浪费精力挤地铁，又节省了回家的路费。公司下午七点半会准备丰盛的晚餐，有的员工觉得回到家自己做的饭也没有单位的饭可口，为什么不再多留一个小时呢？于是又加班一个小时。公司还规定员工晚上十点后离开公司，打车费单位报销，又有一些员工不愿在路上耽误时间，宁愿在单位多留一些时间工作，晚上十点后再打车回家。虽然公司没有要求员工加班，但是为员工提供了很多福利，员工开始主动加班工作。

通过这个案例，我们可以看出，员工养成自主工作的习惯需要企业的支持，只有从根本上为员工切身利益考虑，解决员工的实际问题，员工才可能会养成主动工作的良好习惯。

（三）启动集体智慧与效能

通过前面的学习，我们知道员工的提问力与共识力都与集体有关，员工的行动力也离不开集体，需要启动集体智慧与效能，将每个人的智慧结合起来，共同解决某一个问题。

一个关于攀岩比赛的小故事，攀岩运动员分为 A 组和 B 组。比赛前，A 组成员围在一起，相互打气，强调大家互相帮忙，安全第一，比赛第二。B 组成员也围在一起，但是一直在小声嘀咕，不知道商量着什么。比赛很快开始了，A 组成员在攀岩过程中几次遇到险情，好在成员之间牢记安全第一的口号，通过相互帮助，平安完成比赛，但是因为这些小插曲，他们成绩落后，输给了 B 组。这是什么原因呢？B 组成员在比赛前小声嘀咕的又是什么呢？原来，B 组成员在比赛前分析了组内所有成员的优势与劣势，并根据每个人的优势和劣势分别安排任务。他们指派个子小、动作灵活的成员打头阵，将身体素质较差以及运动天赋不高的女士放在中间，安排善于攀岩，经验丰富的成员断后。这样的人员安排使得他们在攀岩过程中几乎没有遇到困难，中间的成员按照前面灵活的带头人的路线行走，即使在比赛中遇到困惑，不知下一步该怎么走，排在后面的经验丰富的断后队员也能及时提出建议，助他们顺利完成比赛。

这个故事告诉我们，团队的力量是强大的，要善于利用。“四力”工作组成员来自不同的岗位，具备不同的技能，只有每个人都在自己擅长的领域发挥作用，创新的目标才能顺利完成。

四、破题力

破题是指在行动之后，对行动结果进行分析与调整，克服小组存在的阻碍成长的障碍，并根据行动结果，采取不同的措施，从而巩固小组成绩，最终把成功的经验编写成一套标准流程，形成标准化，不断完善小组工作，使之达到理想解的过程。所谓理想解就是理想度在可及范围内最大化，指通过创新工作创造的效益（有益功能）与创新过程中发生的各类成本和有害功能之和的比值，是判断最终成果是否优良的重要指标。最终理想解中效益越高，成本越低，产生的有害功能越少，理想度就越高。那么该如何实现小组破题，提高小组破题能力呢？杨凤凯工作室根据常年的创新工作经验，归纳总结出以下两种方法，分别是克服障碍与标准化流程。

（一）克服障碍

在进行创新工作的过程中，“四力”工作组不断磨合，遇到了各种各样的困难，只有不断克服这些困难，清除阻碍工作组成长的障碍，才能使整个小组不断进步，为企业作出更多贡献。那么该如何才能克服工作中的障碍，使小组成员突破自己呢?

（1）找出限制团队成长的因素。对于个人来说，限制不断进步的因素可能是早上的赖床或者晚上的沙发瘫，但对于整个小组来说，阻碍小组进步的因素不仅存在于个人的懒惰中，还存在于管理措施、成员关系等因素之中。每一次的创新，都能反映出小组中的问题，管理者需要将这些问题一一记录，才能找出限制成长的因素，从而进行改正，实现进步。

（2）适当为团队增加压力。现在很多人强调轻松的工作环境才能体现人性化管理。但实际情况是适当的压力可以使人类大脑产生一种名为神经营养因子的化学物质，这种化学物质帮助神经元之间建立联系，从而提高人的工作效率。另外，有观点认为适当的压力可以激发人体的防御机制，使人体产生额外的白介素，这种物质可以在短期内提高人体的免疫力。当然，如果压力过大，成为一种困扰，就会影响人们的身心健康，不利于整个工作组的创新计划。

松弛的琴弦，永远奏不出美妙的乐曲。历史故事告诉我们：从弱到强是在有压力的前提下实现的。破釜沉舟，百二秦关终属楚；卧薪尝胆，三千越甲可吞吴。若不是岳飞母亲为他刺字，就没有岳飞的精忠报国；若没有战争的民不聊生，就不会有“先天下之忧而忧，后天下之乐而乐”的范仲淹；若没有坎坷的政治经历，就不会有“大江东去，浪淘尽，千古风流人物”等豪迈诗篇。所以压力也是动力，是鞭策工作组不断前进的另一种形式。

（二）标准化流程

工作标准化流程是指在对某项作业进行了充分调研的基础上，将操作的每一道程序进行分解，以科学生产、安全防护、实际经验等作为依据，以环保、质量、效益等作为目标，对该项作业进行改善，从而优化成为有具体步骤的工作程序，逐渐达到标准、省力的功效。

“四力”工作组致力于以创新的形式解决企业的问题。在这个过程中，很多烦琐的案例是具有共性的，这就需要我们建立一套标准化流程，以提高企业管理水平。本书所述“四力”创新行动法就是在长期创新工作经验的积累中，不断将创新过程标准化的产物。

工作标准化流程也能解决创新产品应用的难题。比如，油田企业在生产过程中遇到了问题，希望“四力”工作组可以进行创新工作，解决问题。“四力”工作组通过调研，将具体问题描述为：随着油气开采难度增加，油田开始采用各种新仪器或新技术，井下情况也越来越复杂。在采油测试过程中，由于仪器运行速度快，并且工具串在井筒内与筒壁间隙较小，仪器串在运行过程中经常会出现遇卡情况，通常采用振荡方式进行解卡。由于目前油田企业使用的国产电缆外铠偏硬、韧性不足，在振荡解卡过程中，电缆受力容易断裂，不仅会造成仪器和部分电缆同时掉落井内，后续打捞困难，还会使剩余电缆的缆芯断裂位置不明，造成电缆的浪费。

经过“四力”工作组的不断努力，设计出井下电缆剪断器与自动旋转打捞器，总结出“一剪二捞”的处理办法，其中“一剪”指应用井下电缆剪断器对电缆进行剪断处理，“二捞”是指应用自动旋转打捞器对仪器进行打捞。

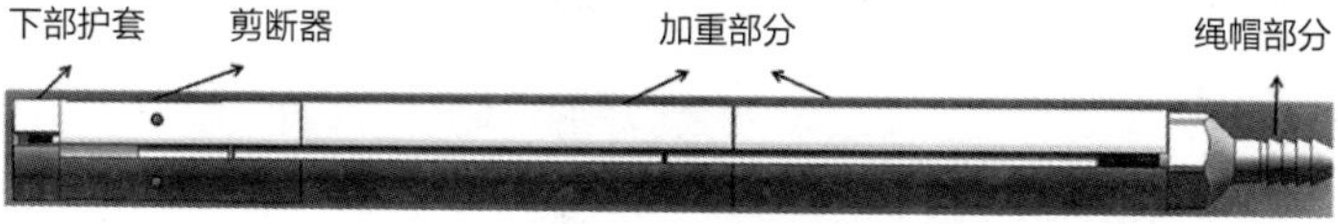

图 2-13　井下电缆剪断器

井下电缆剪断器适用于井下测试层段，由 4 部分组成，如图 2-13 所示，分别为绳帽部分、加重部分、剪断器以及下部护套。4 个部分中间位置均留有开槽，直径可达到 3.6mm，能够将电缆安装到剪断器中间，通过旋转各部分，使开槽位置错落，加上护套的保护，即可保证井下电缆剪断器顺着电缆进行下放而不会脱落。

剪断器的两侧各有一片胀片，胀片的下部直径比电缆头的鱼顶稍小一些，上部是锋利的斜铲。用螺丝将胀片固定在剪断器的两侧，通过固定轴，每片胀片都可活动自如，下部外胀，则上部斜铲收缩。整个仪器下井后，电缆位于每组胀片固定轴的中间位置，当井下电缆剪断器下放到井下，遇到遇卡仪器时，仪器的鱼顶部分将撞击剪断器胀片下部，使胀片下部外胀，通过固定轴，上部的斜铲向内收缩，上部斜铲锋利，电缆被剪断。在下放仪器时，下部护套朝下，绳帽朝上。绳帽的设计，可以方便在完成一次电缆剪断后，通过打捞卡瓦对井下电缆剪断器进行打捞，如图 2–14、图 2–15 所示。

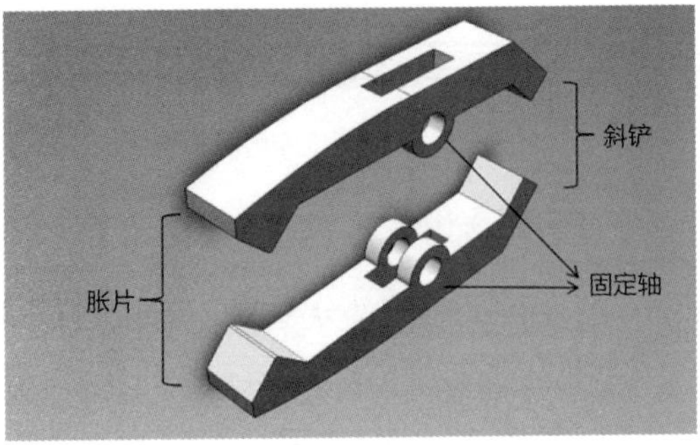

图 2–14　井下电缆剪断器胀片

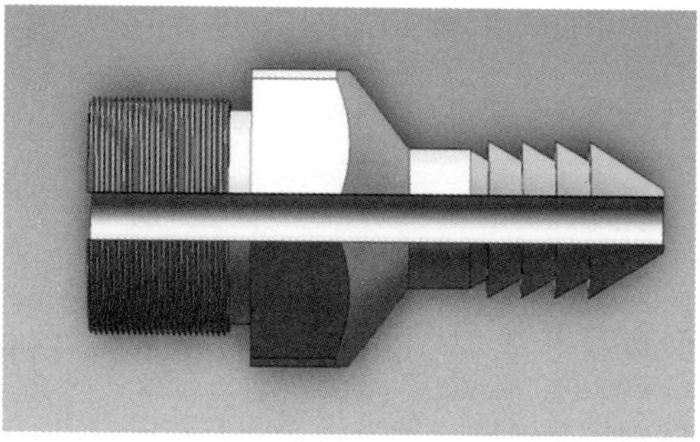

图 2-15　井下电缆剪断器绳帽

剪断电缆后，为了避免井下电缆堆积，使用自动旋转打捞器对仪器进行打捞。自动旋转打捞器主要由 3 部分组成，分别为快速连接头、打捞短接和导入装置，如图 2–16 所示。

快速连接头采用卡扣式设计，在整个打捞器的最上部，

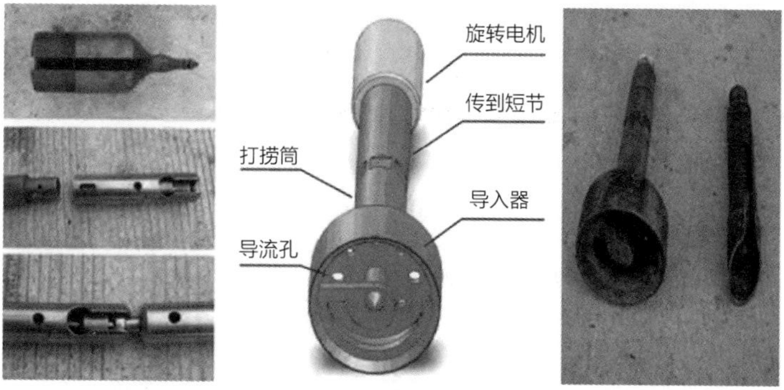

a. 快速连接头　　b. 打捞短接　　c. 导入装置

图 2–16　自动旋转打捞器组成

可以快速连接电缆和电缆头，不易断裂。打捞短接中的旋转电机可以在特定的时间与地点使导入器旋转，遇卡仪器可以从多方位与导入器接触，方便打捞。打捞短接中的导流孔可以使井内泥质、油污等通过，方便打捞器移动。在打捞短接内设有延时控制装置，采用 CD4060 组成定时器的时基电路，可以精确控制延长时间，使打捞器的旋转电机可以在预定深度自动开启旋转。

打捞器配备两种形状的导入器，分别是太极形和斜面形，如图 2-17、图 2-18 所示。太极形导入器针对遇卡仪器贴靠套管壁的情况设计，外径为 114mm，适用 ϕ139.7mm 套管。它的顶端有喇叭口，喇叭口的壁薄容易切入遇卡仪器与套管壁之间，靠近喇叭口一侧的位置设有捞槽，捞槽宽度 16mm，承重 2000kg。在打捞过程中，经过旋转，可将鱼顶导入捞槽，从而提高打捞成功率。斜面形导入器是针对黏稠介质及砂埋环境设计，外径为 54mm，斜面角度 45° 。电动打捞器带动斜面进行旋转，使其可以像铲子一样使井内油污或砂质松动，一旦遇到鱼顶，即可沿斜面进入捞槽，卡住鱼顶，提高打捞成功率。

图 2-17 太极形导入器

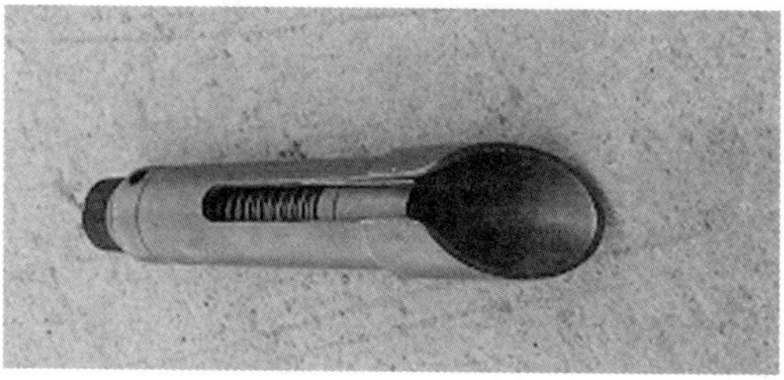

图 2-18 斜面形导入器

打捞时，将打捞器与钢丝头快速连接，对延时控制装置进行设定，然后下放打捞器，电机在特定时间启动，带动不同形状的导入器通过卡槽卡住鱼顶后上提钢丝，完成打捞。

实际上，与原有的打捞方式相比，“一剪二捞”的方式更合理，虽然增加了步骤，但是总体上操作简便，缩短了打捞时间，成功率高，避免了电缆的浪费，更能保护遇卡仪器的安全。

将打捞流程标准化，形成固定的操作步骤，可以提高工作效率并保证员工的安全。

第三章

创新工具

一、创造性思维方式

（一）创造性思维方式的定义

人们获得创造时的思维活动方式称为“创造性思维方式”。创造性思维方式可以打破常规模式，重新组合，是一种新颖且具有价值的思维模式。归根结底，创造性思维方式就是以非习惯的方式思考问题，当看到与别人所见相同的事物时，有不同的想法。

创造性思维与常规思维相比，本质的差异在于常规思维通常都是逻辑思维，而创造性思维除了逻辑思维，还包含各种形式的非逻辑思维。

目前，我们大多数人在日常研究与分析问题时，一般都习惯于应用逻辑思维，这在一定程度上，是我们接受传统教育的结果。我们从小接受的教育理念倾向于存在正确且唯一的答案。这种逻辑思维严谨、周密，有利于进行理论研究、问题论证。但是，如果只使用这种逻辑思维，很难实现创新。

爱因斯坦曾经说过："创造与逻辑推理不一样，它们之间的关系是用逻辑推理来验证已有的创造设想。"

（二）创造性思维的特点

创造性思维的发展是一个由"潜"到"显"的内化过程，而创造力的大小取决于创造性思维的水平。影响创造性思维水平的因素是创造性思维的品质。创造性思维具有 7 个特点，即流畅性、变通性、独创性、跨越性、深刻性、广博性和预见性。

创造性思维的流畅性是指思考和解决问题时思维敏捷顺畅。比如，课堂上老师让学生从历史角度讨论马歇尔计划的目的，一名学生思考 3 分钟后，便一口气说出了 5 个要点，且富于创新：挽救战后世界资本主义经济；阻止西欧国家发生革命，从而排除苏联势力；打开美国商品和资本进入欧洲的大门；用苏联不能提供的资源来吸引东欧国家，促使它们对苏联产生离心倾向；更加明确和深化两大政治军事集团的对峙。

创造性思维的变通性又称为思维的自由度，指改变思维方向和范围的能力。比如，在测井过程中仪器遇阻这一事件，当我们在考虑仪器遇阻的原因时，既可以想到是井下因素造成遇阻，又可以想到是仪器因素造成遇阻，还可以想到是测井的方法有问题，创造性思维可以让我们跳出眼前的局限，用更开阔的视野处理问题。

创造性思维的独创性指超越固有认知模式，以逻辑与非逻辑的思维巧妙结合得出新的结论，它是“独立思考创造出社会（或个人）价值的具有新颖性成分的智力品质”。比如，在测井过程中仪器遇阻，思维定式使我们认为井下油污过多，导致仪器不能顺利下井，但打破思维定式，我们可以考虑多种情况，如仪器的自身重量、是否为斜井等，改变习惯思维定式，可以产生全新见解。

创造性思维的跨越性是指创造性思维的广阔容量以及跨度张力，即思维主体避开事物“可见度”的限制，扩展思维前进的空间，迅速完成“虚体”与“实体”间的转化。比如，测井过程中仪器遇阻，在考虑该问题过程中，除了仪器与井下情况方面，还可以思考测井的方法。

创造性思维的深刻性指思考问题的深度，即善于抓住事物的本质和规律，探幽发微，把握事物发展的方向与趋势。比如，测井过程中仪器遇阻，作为“四力”工作组成员，应该思考“什么样的仪器遇阻了”“井下的环境如何”“如何才能减少遇阻情况”，如此寻根究底、深入挖掘，可促进小组成员创造性思维的活跃。

创造性思维的广博性指多渠道、多层次、多手段推导、想象和创意联想。多条思维路线互相渗透、相互作用、彼此调剂，从而实现最优组合。比如，在测井过程中，因为井下污垢导致仪器遇阻，我们可以从两方面考虑如何解决这一问题。一方面，我们可以考虑如何处理井下的污垢，只要污垢减少，仪器便可以顺利下井并进行测量。另一方面，我们还可以考虑如何通过改善测井仪器，使其在遇到井内污垢时依然可以顺利通过。从多方面考虑问题，体现了创造思维的广博性。

创造性思维的预见性，即通过联想推测未来的发展。它主要是以事物环链模型（即重复出现的现象所形成的规律性）为依据，推测事物发展的“后一环”。比如，在测井遇阻这一问题中，仅解决某一次遇阻情况难以满足需求，我们通过推测未来的发展状况，下次测该井是否还会出现遇阻情况？在未来某一个阶段，该口井井下会发生什么样的变化？这种变化是否会影响测井？通过不断地推测其后续发展状况，可以更有利于我们想到解决问题的方法，体现了创造性思维的预见性。

（三）发散思维与收敛思维

创造性思维具有变通性的特点，既有发散思维，也有收敛思维；既有正向思维，又有逆向思维；既有横向思维，又有纵向思维。这 3 组看似对立但又辩证统一的思维方式，在创造性思维活动中，它们相互联系、相互结合，共同使用。

1. 发散思维

发散思维是指大脑在思维时呈现一种扩散状态的思维模式。它主要表现为思维视野广阔，呈现多维发散状，如“一题多解”“一事多写”“一物多用”等方式，是对同一问题从不同层次、不同角度、不同方向进行探索，从而提供新结构、新点子、新思路以及新发现的思维过程，如图 3–1 所示。

发散思维具有流畅性、变通性和独特性的特点。流畅性是指面对同一问题，在同一时间产生不同观点想法的数量。流畅性越高，心智越灵活，思路越通达。变通性是指灵活程度，面对同一问题时避免认死理、钻牛角尖，可以达到触类旁通的效果。变通性越高，发散思维跨度越大，对同一问题

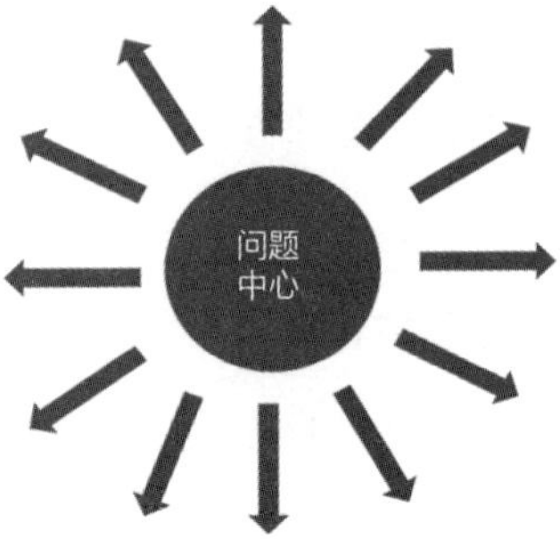

图 3-1　发散思维

提出的解决方案就越多。独特性是指面对同一问题时可以想出奇特的、不寻常的解决方案，独特性越高，说明想法越新奇，可能达到的解决效果也越好。

1987 年，广西壮族自治区南宁市召开了我国“创造学会”的第一次学术研讨会。这次会议集中了全国科学、技术、艺术等领域众多的杰出人才。为扩大与会者的创造视野，大会同时邀请了国外著名的专家、学者，其中包括日本的村上幸雄先生。村上幸雄先生为与会者讲学 3 个半天时间，内容非常吸引人，深受大家的欢迎。其间，村上幸雄先生拿出一把曲别针，请大家动动脑筋，打破思维框架，思考曲别针都有什么用途，比一比看谁的发散性思维更好。大家一片哗然，七嘴八舌，议论纷纷，有的说可以用来别胸卡、挂日历、别文件，有的说可以用来挂窗帘、钉书本，大约说出了 20 种。大家问村上幸雄：“你能说出多少种？”村上幸雄轻轻地伸出 3 根手指。有人问：“是 30 种吗？”他摇摇头。“是 300 种吗？”他仍然摇头。“是 3000 种”，大家都异常惊讶，心里想：“这日本人果真聪明。”然而就在此时，坐在台下的中国魔球理论的创始人、著名的许国泰先生心里一阵紧缩，“我们中华民族在历史上就是以高智力著称的民族，我们的发散性思维绝不会比日本人差”。于是他给村上幸雄写了个条子：“幸雄先生，对于曲别针的用途我可以说出 3000 种、30000 种。”村上幸雄十分震惊，大家也都不相信。许先生说：“村上幸雄先生所说的曲别针的用途我可以简单地用 4 个字加以概括，即钩、挂、别、联。我认为远远不止这些。”接着他把曲别针分解为材质、重量、长度、截面、弹性、韧性、硬度、颜色 8 个要素，用一条直线连起来形成信息的横轴，然后把要动用的曲别针的各种要素用直线连成信息标的竖轴，再把两条轴相交垂直延伸，形成一个信息反应场，将两条轴上的信息依次“相乘”，达到信息交合。于是，曲别针的用途就无穷无尽了。比如，可加硫酸制成氢气，可加工成弹簧，制成外文字母，做成数字进行四则运算等，为中国人民在大会上创造了奇迹，使许多外国人十分惊讶。

生活中还有很多发散思维的例子。很长一段时间，电冰箱市场一直被美国人所垄断，这种高度成熟的产品竞争激烈，利润率很低，美国的厂商显得束手无策，而日本人却异军突起，发明创造了微型冰箱。人们发现微型冰箱除了可以在办公室使用，还可以安装在野营车上。微型冰箱改变了人们的生活方式，也改变了它进入市场初期默默无闻的命运。微型冰箱与家用冰箱在工作原理上没有区别，其差别只是产品所处的环境不同。日本人把冰箱的使用方向由家居转换到了办公室、汽车、旅游等其他侧翼方向，有意识地改变了产品的使用环境，引导和开发了人们潜在的消费需求，从而达到了创造需求、开发新市场的目的。

日本东芝电气公司于 1952 年前后曾一度积压了大量的电扇，7 万多名职工为了打开销路，费尽心思地想了不少办法，依然进展不大。有一天，一名小职员向当时的董事长石坂提出了改变电扇颜色的建议。当时，全世界的电扇都是黑色的，东芝公司生产的电扇自然也不例外。这名小职员建议把黑色改为彩色，这一建议引起了石坂董事长的重视。经过研究，公司采纳了这个建议。第二年夏天，东芝公司推出了一批浅蓝色的电扇，大受顾客欢迎，市场上还掀起了一阵抢购热潮，几个月之内就卖出了几十万台。从此以后，全世界的电扇就不再都是统一的黑色面孔了。由此可见发散思维的重要性。

利用发散思维围绕一些事物展开联想，让大脑自由思考，这种训练无论对记忆还是对研究文学、艺术，或是进行科研、发明创造等均有益处，能够使人开阔思维。

比如，围绕“森林”展开联想，我们可以想到的内容有很多。树木、矿石、野生动物、蘑菇、草地、野花、落叶（归根、华人、异乡、异国）、大雾、阳光、果树、环境、野人、磁场、守林人、公园、风、地质队、科学家、动物学家、向导、经验、标记、手电筒、直升机、野炊、宝物、蓝天、白云、果皮、大自然、运动、健康、冒险、山谷、狼人、雷电、伐木、纸张、节约、环保、后代、资源、出口、城堡、战争、原始人、人类进化、塑料瓶、加工、脚印、年轮、中药、播种、公路、温差、野兔、黑暗、星河、防风、防火、火灾、消防员、粮食、毒花、毒果、氧气、光合作用、地图……

再如，围绕“电视机”展开联想，可能会想到进口、长虹、康佳、熊猫、松下、日立、夏普、立式、卧式、新闻、直角、长方形、弧面、平面、黑色、白色、金色、彩色、新闻、文艺节目、娱乐节目、电视剧、音乐剧、学习、魔术、艺术、文学作品、制作、编辑、字母、剪辑、歌唱家、音乐家、电影、电视剧、明星、主持人、播音员、天气预报、喇叭、开关、遥控器、电池、计算机、停电、无线路由器、集成电路、频道、战争、纪录片、和平、天线、宣传、传播、媒介、喜剧、戏剧、领导人、高层会议、卫星、总理、外交、访问、飞机、火车、经济、贸易、家庭、教育、社会、学校、工程、工厂、百姓、市民、工人、小康、21 世纪、香港、台湾、竞争、钓鱼岛、近视眼、辐射、眼睛、眼镜、上班、休息。

2. 收敛思维

收敛思维指在解决问题的过程中，尽可能利用已有的知识和经验，把众多的信息和解题的可能性逐步引导到条理化的逻辑序列中，实现从开放的自由状态向封闭的点进行思考，最终得出一个合乎逻辑规范的结论，如图 3–2 所示。

收敛思维具有封闭性、连续性、求实性的特点。如果说发散思维的思考方向是以问题为原点指向四面八方的，具有开放性，那么收敛思维则是把许多发散思维的结果由四面八方集合起来，选择一个合理的答案，具有封闭性。发散思维

图 3-2　收敛思维

的过程是从一个设想到另一个设想时，可以没有任何联系，是一种跳跃式的思维方式，具有间断性。收敛思维的进行方式则相反，是一环扣一环的，具有较强的连续性。发散思维所产生的众多设想或方案，多数都是不成熟的，也是不实际的，对发散思维的结果，必须进行筛选，收敛思维就可以起到这种筛选作用。筛选出来的设想或方案是按照实用的标准来决定的，应当是切实可行的。这样，收敛思维就表现出很强的求实性。

收敛思维要集中各种思想的精华，达到对问题系统全面的考察，为寻求一种最有实际应用价值的结果而把多种想法理顺、筛选、综合、统一。发散思维是一种求异思维，为在广泛的范围内搜索，要尽可能地放开思路，把各种不同的可能性都设想到。

收敛思维与发散思维是一种辩证关系，既有区别，又有联系，既对立，又统一。收敛思维如凸透镜，它可以使不同方向的光线集中到一点，达到聚焦的目的；而发散思维如凹透镜，它可以使在一点的光线射向不同的方向，达到发散的作用，如图 3-3 所示。

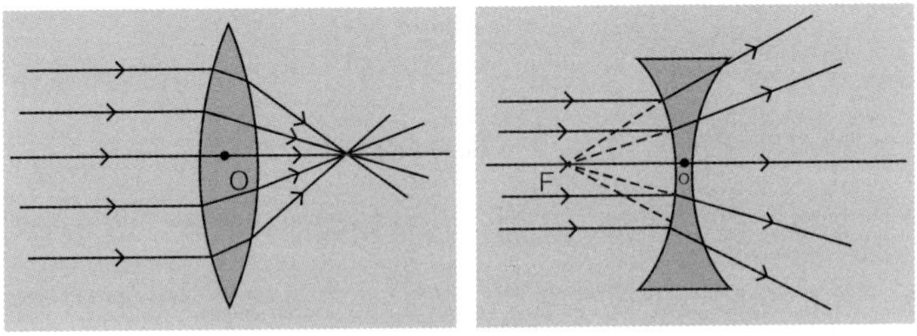

图 3-3　凸透镜和凹透镜

没有发散思维的广泛收集，多方搜索，收敛思维就没有了加工对象，就无从进行；反之，没有收敛思维的认真整理，精心加工，发散思维产生的结果再多，也不能形成有意义的创新结果，也就成了废料。只有两者协同动作，交替运用，才能圆满完成一个创新过程。思想家托马斯·库恩（Thomas Kuhn）认为，科学革命时期，发散思维占优势，常规科学时期，收敛思维占优势，一名好的创新发明者，就要将发散思维与收敛思维保持必要的联系。

第一次世界大战期间，法国与德国交战，法军的一个旅的司令部在前线构筑了一座极其隐蔽的地下指挥部。法军指挥部人员深居简出，十分诡秘。不幸的是，他们只注意了人员的隐蔽，却忽略了长官养的一只小猫。德军的侦查人员在观察战场时发现，每天早上八九点钟，都有一只小猫在法军阵地后方的一座土包上晒太阳。德军依此判断：这只猫不是野猫，野猫白天不出来，更不会在炮火连天的阵地上出没；猫的栖身处就在土包附近，很可能是一个地下指挥部，因为周围没有住宅；根据仔细观察，这只猫是相当名贵的波斯品种，在打仗时还有兴致玩这种猫的不是普通的下级军官。据此，他们判断那个隐蔽的地方一定是法军的高级指挥部。随后，德军集中 6 个炮兵营的火力，开始实施猛烈袭击。事后查明，他们的判断完全正确，法军地下指挥部的人员全部阵亡。

一天，乌鸦得到了一块肉，被狐狸看到了。狐狸很想从乌鸦嘴里得到那块肉。由于乌鸦在树枝上，狐狸没有办法在树下得到，它眼珠一转：“亲爱的乌鸦，您好吗？”没有回答。“亲爱的乌鸦，您的孩子好吗？”乌鸦看了狐狸一眼，还是没有回答。狐狸摇摇尾巴，“您的羽毛真漂亮，比其他鸟都漂亮，嗓子真好，可以给我唱首歌吗？”乌鸦听了非常得意，就唱了起来。可是刚一张嘴，肉就掉了，狐狸叼着肉便一溜烟地跑了。这个故事里，无论是狐狸的搭讪还是请求，都是为了达到让乌鸦张嘴的目的，运用的就是收敛思维。

收敛思维应用在我们生活的方方面面，比如，开会的组织者要运用收敛思维确定开会的时间。召开会议要满足多种前提，如办公室没有被占用，与会人员有时间，开会所需物资（投影仪、道具等）配备齐全。可想而知，要达到开会这一目的，就要实现地点、时间、物资这 3 个目标，而每个目标中还可能会有许多小目标，需要通过具体地解决一个个小目标，才能达到最终的开会目的。

（四）正向思维与逆向思维

1. 正向思维

正向思维是人们在创造性思维活动中，沿袭某些常规分析问题，按事物发展的进程进行思考、推测，是一种从已知到未知，通过已知来揭示事物本质的思维方法。

正向思维是依据事物发展过程建立的，是经常用到的一种思维方式。它虽然只对某一种或某一类事物进行思考，但是是在对事物充分分析的基础上，推知事物的未知部分，提出解决方案，所以它又是一项不可忽视的科学研究的方法。

正向思维的特点是与时间推进的方向一致，随着时间的推进，符合事物的自然发展过程和人类认知的过程，如图 3–4 所示。任何事物都会经历产生、发展和灭亡的过程，都是从过去走到现在、由现在进入未来。只要我们能够把握事物的特性，了解其过去和现在，就可以在已掌握材料的基础上，预测其未来发展趋势。面对生产生活中的常见问题，正向思维都有很好的处理效果。

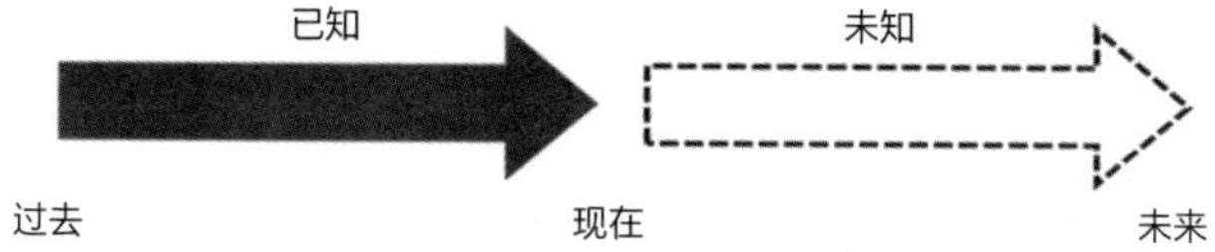

图 3–4　正向思维

汽车已成为部分国家的问题，交通阻塞、交通事故、环境污染等问题日益困扰着它们，尤其是 1994 年发生的法国农民罢工，不再以传统的示威游行方式进行，而是开车游行，并把车停放在交通要道，让车“静坐”。要解决此问题，可以增加警力，进行疏通；也可以增修高速公路和立交桥，以保畅通；可以限制车辆上路时间。但这终究是治标不治本，要想真正解决问题，需要思考从汽车引入家庭至今，它给人民的生活、环境、社会发展、安全等带来了哪些便利与不便，还将继续向何种方向发展等，即从家庭拥有汽车这件事情本身的产生、发展过程入手，寻求解决办法。目前，发达国家已基本达成共识：发展公交事业，提倡公民出入乘坐公共交通，这是根本的解决办法。我们要想充分评估自己现有的工作、生活条件以及自身所具备的能力，就应了解事物发展的内在逻辑、环境条件、性能等。这是我们获得预见能力和保证预测正确的条件，也是正向思维的基本要求。

2. 逆向思维

逆向思维是指利用事物的可逆性，从反方向进行推断，寻找岔道并继续思考，运用逻辑推理寻找新的方法和方案，如图 3–5 所示。

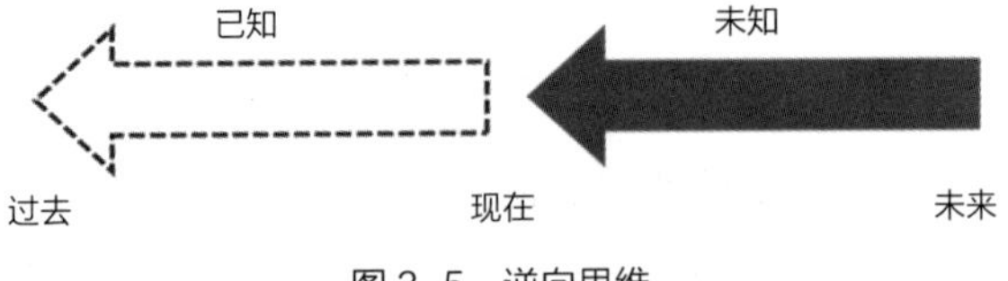

图 3–5　逆向思维

人们习惯于沿着事物发展的正方向去思考问题并寻求解决办法。其实，对于某些问题，尤其是一些特殊问题，从结论倒推，反过来思考，从求解回到已知条件，或许会使问题简单化。

逆向思维具有普遍性、批判性及新颖性的特点。普遍性是指逆向思维在各种领域、各种活动中都有适用性，由于对立统一规律是普遍适用的，而对立统一的形式又是多种多样的，有一种对立统一的形式，相应就有一种逆向思维的角度，所以，逆向思维也有多种形式。比如，性质上对立两极的转换：软与硬、高与低等。结构、位置上的互换、颠倒：上与下、左与右等。过程上的逆转：气态变液态或液态变气态、电转为磁或磁转为电等。不论哪种方式，只要从一个方面想到与之对立的另一方面，都是逆向思维。批判性是与正向比较而言的，正向是指常规的、常识的、公认的或习惯的想法与做法。逆向思维则恰恰相反，是对传统、惯例、常识的反叛，是对常规的挑战。它能够克服思维定式，破除由经验和习惯造成的僵化的认识模式。新颖性是指逆向思维能够给人耳目一新的感觉。循规蹈矩的思维虽然简单，但容易使思路僵化、刻板，摆脱不掉习惯的束缚，得到的往往是一些司空见惯的答案。其实，任何事物都具有多方面属性。由于受过去经验的影响，人们容易看到熟悉的一面，而对另一面却视而不见。逆向思维能克服这一障碍，结论往往出人意料，给人耳目一新的感觉。逆向思维在各种领域、各种活动中都有其适用性。

一位犹太老人退休后买了一栋房子，位置恰好在一所中学附近。刚开始老人住得很惬意，但是没多久就总有3名学生踢垃圾桶，声音使得老人很是心烦。老人想了一个办法，他对3名学生说："我看到你们年轻人玩得开心，我也跟着开心，你们以后能不能每天都来踢足球？我可以付给你们每个人1元钱的报酬。"3名学生很开心，每天都很努力地踢球给老人看。过了两天后，老人对学生们说："因为开支太大，我只能每天给你们每人0.5元钱了。"3名学生虽然不开心，但还能接受。没过几天，老人再次跟3名学生说："我每人每天0.5元钱也付不起了，只能给你们0.2元钱了。"3名学生听后，非常气愤："我们才不要为了0.2元钱，浪费时间给你表演。"从此以后，再也没有人在老人家附近踢球了。

故事里面，老人想到了中学生的叛逆，没有直接告诉这些学生不要踢球，会影响自己，而是通过逆向思维，刺激学生的反叛心理，从而达到目的。

在商业中，也有很多逆向思维的案例。比如，一家药店将成本 100 元的药品以 50 元的价格出售，很多有需求的人都会争相购买，那么药店的生意就会非常兴隆。有人会问："这样的生意兴隆有什么用呢，赔本的买卖，销售量越大，店里亏损越多。"其实不然，前来购买这种药品的人，几乎都会顺便购买其他的药品，这些顺便购买的药品当然是有利润的。靠着这些利润，不但可以补足降价商品的亏损，还会使整个药店有很多盈利。这种"明亏暗赚"的经营方式，也是商业中常见的销售方式，既有名又有利，是非常成功的逆向思维案例。

通过以上两个案例，我们可以看出，当问题不能被很好地解决时，不妨试试逆向思维，向相反的方向进行思考，或许会有意想不到的收获。

（五）横向思维与纵向思维

1. 横向思维

横向思维是由爱德华 · 德 · 波诺（Edward de Bono）提出的，是一种共时性的思维，它通过某一时间的横截面，研究同一事物在不同环境中的发展状况，并通过同周围事物的相互联系和相互比较，找出该事物在不同环境中的异同。这种思维模式可以从多个角度入手，具有多个切入点，可以改变解决问题的常规思路，拓宽解决问题的视野，从而使难题得到解决，如图 3–6 所示。

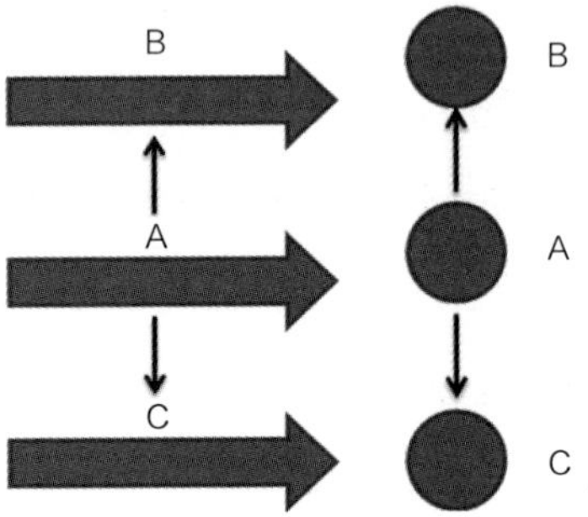

图 3–6　横向思维侧面、截面

横向思维的特点是同时性、横断性和开放性。同时性是指在解决问题时，需要确定时间范围，在这一范围内比较相关事物之间的关系。横断性是指将研究的事物放到相关联的整体中去考量，从而揭示出不易察觉的问题。开放性是指横向思维可以突破问题的结构范围，是一种开放性思维，思维过程中不受限制。

有一位商人因欠债面临牢狱之灾，正在难过不知怎么办时，债主却来到商人家里，提出了可以为商人解决问题的办法。他对商人说："只要你把女儿嫁给我，我就可以将你的欠债一笔勾销。"商人听后特别气愤，女儿年轻貌美，嫁给这样丑陋险恶的人，怎么能幸福呢？债主知道商人不会轻易同意，所以提出建议："路边有很多黑色、白色的石子，我随便捡一个黑色、一个白色的石子放进口袋，你来摸出一颗，如果是黑色的，那么你就把女儿嫁给我，如果是白色的，你的女儿不但不用嫁给我，我也同样免除你的债务。"商人经过一番考量，最终同意了这个建议。就这样，债主开始在路边挑石子，就在他将石子放入口袋时，商人发现他放进口袋的居然是两个黑色的石子。这该怎么办呢？我们不妨用横向思维进行思考，那么事情就变得简单了。商人只需要把手伸进口袋，随便摸一颗石子，然后装作不经意的样子掉到地上，然后让债主看看口袋里还剩的是什么颜色的石子就可以了。

2. 纵向思维

纵向思维以事物发展过程为基础，是对事物发展过程的整体反映，被广泛应用于科学与实践之中。

纵向思维具有历时性、统一性和预测性。历时性是指以从过去到现在，从现在到将来的时间顺序考察事物，如图 3-7 所示。统一性是指无论在历史的哪个时期，考察的事物必须是相同的，具有稳定性与可比性。预测性是指纵向思维的预测结果可能符合事物发展的趋势。

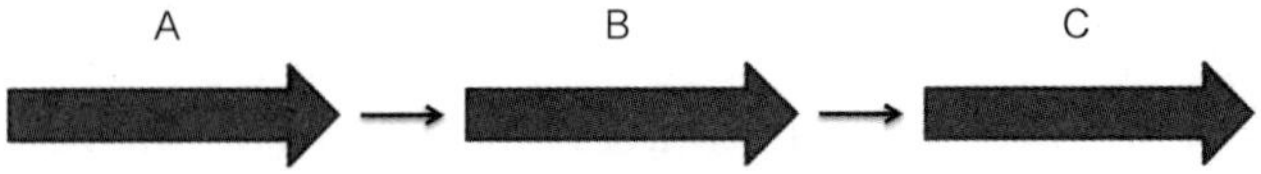

图 3-7　纵向思维

纵向思维是我们常用到的思维模式，比如，某公司办公楼内有两部电梯，但在早、晚高峰时期，员工经常抱怨等电梯时间长。那么该怎么解决呢？如果通过纵向思维进行思考，就会很容易想到“再安装两部楼外电梯”“错峰上下班”等。

有一个形象的比喻，思维就好比一条河流，遇到宽广处，自然就会漫延开来，这就是横向思维；遇到深沟处，自然就会纵向深陷，这就是纵向思维。

二、TRIZ 的应用

（一）什么是 TRIZ

TRIZ（Theory of Inventive Problem Solving）意译为发明问题解决理论，是用来解决发明问题的理论。由根里奇 · 阿奇舒勒（Genrich Altshuler）和苏联的科学家们一起经过 50 多年，对数以百万计的专利文献和自然科学知识进行研究、整理和归纳，最终建立的一整套系统化的、实用的、解决发明问题的理论和方法。TRIZ 的来源与内容如图 3-8 所示。

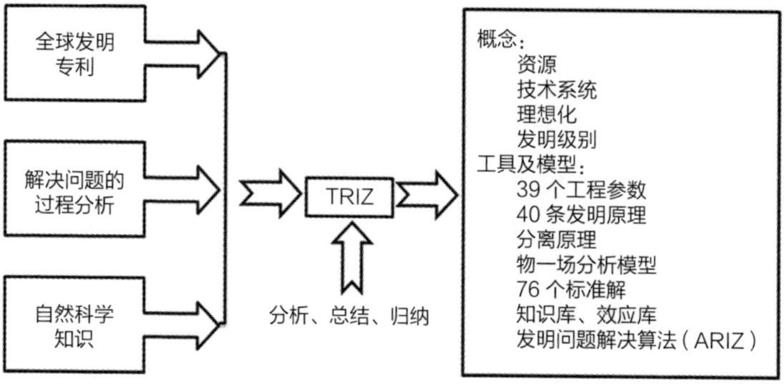

图 3-8　TRIZ 的来源与内容

TRIZ 不仅提供了分析工程问题所需的方法，包括功能分析、资源分析和物理分析等，同时还提供了相应的问题求解工具，包括解决技术矛盾的发明原理，解决物理矛盾的分离原理、科学原理知识库和发明问题标准解法等。TRIZ 针对复杂问题的求解流程提出了发明问题解决算法，同时还包括一些创新思维的方法，例如九屏图法、小人法、金鱼法等。

“四力”工作组掌握 TRIZ 创新方法，可以提高工作组的提问力、共识力、行动力与破题力，使工作组成员的整体素质得到飞跃式提高。若能将 TRIZ 融入“四力”创新工作组的制度中，就可以打造属于自己企业的创新体系，保证创新活动持续有效地开展。

（二）常用的解题方法

1. 因果分析法

常见的因果分析法包括五问、故障树、鱼骨图分析、因果链分析、失效模式与影响分析等。这里我们只介绍因果链分析。

因果链分析是全面识别工程系统问题的分析工具，通过因果链分析可以挖掘隐藏于初始问题背后的各种小问题。通过多次问“为什么”可以得到一系列原因，将这些原因连接起来，就像一条链条一样。

因果链分析的步骤分为以下 6 步：根据实际情况，列出初始问题；逐级对问题进行分析，直至找到根本问题；将每个原因与其结果用箭头连接，箭头从原因指向结果，构成因果链；用符号表示“与”和“或”的关系；根据分析，确定造成目标问题出现的根本原因；针对根本原因提出初始解决方案，或者将关键问题转化为技术矛盾、物理矛盾等加以解决。

如图 3–9 所示，自上而下地进行问题分解，最上层提出的是初始问题，下层为上层的原因，又为下一层结果。通过对各个层次的问题以及各个层次原因之间“与”和“或”的关系进行分析，从而确定问题的根本原因。

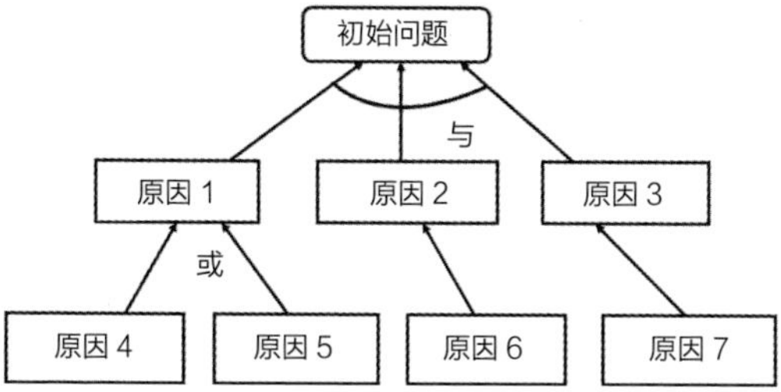

图 3-9　因果链解决问题

这里我们需要注意，“与”关系用圆弧线连接，原因 1、原因 2、原因 3 同时出现，产生了初始问题，只要有一个问题不出现，初始问题就能解决。“或”关系不用连接，原因 4 或者原因 5 的出现，导致了原因 1，所以，只有原因 4 和原因 5 同时消除，原因 1 才能消除。

在高压注水、注聚井测试中，必须要通过电缆携带测井仪器下井，才能进行井下参数的测试，这也导致仪器卡在井下测试层段的情况不断发生。在目前生产条件下，仪器一旦遇卡就需要通过反复振荡解卡，长时间活动会出现缆芯断裂的情况，造成电缆和仪器落入井中。打捞难度非常大，还会由于缆芯从中间断开造成电缆报废，产生经济损失。

我们可以应用因果链分析解决该问题，如图 3-10 所示。

根据因果链分析，我们可以得出方案：对操作人员进行培训，通过实践考试约束操作人员；训练操作人员操作熟练程度；减少需要测量的项目，通过多次测量满足所有测量需求 ；增加电缆重量，减少仪器自身重量，以达到下放要求 ；使用柔韧度更好的材质制作缆芯；降低井内液体流速后再测井；电缆周围用更加结实的材质做保护套；在井壁增加某种

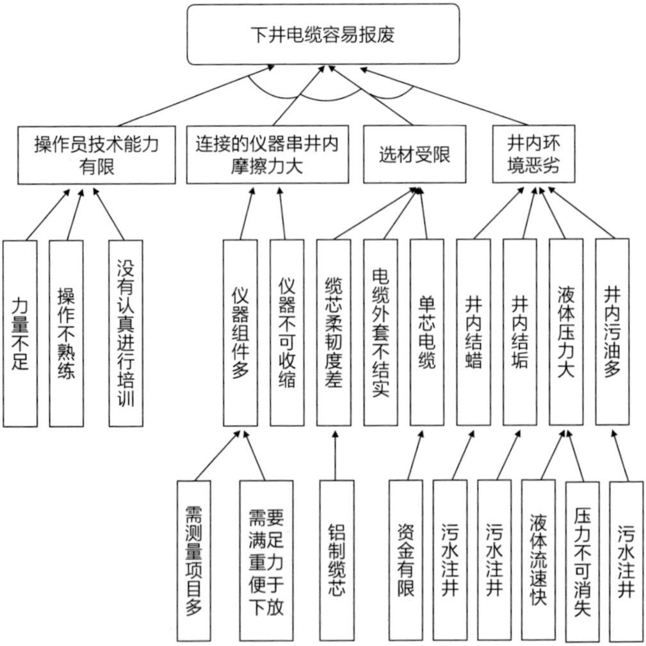

图 3-10　下井电缆容易报废因果链分析

物质，使井内杂质无法附着；提高井内温度，使油污无法凝固等。

2. 资源分析法

资源分析就是不断挖掘系统中的各类资源，并将这些资源合理优化，提升其利用价值，从而解决问题。资源分析的目的是挖掘系统中未被发现的隐性资源，实现系统中隐性资源显性化、显性资源系统化，强调资源的联系与配置，提高系统资源的理想度（或者资源价值）。

各类资源在生活中都有丰富应用。

（1）物质资源，指用于实现应用功能的一切物质，如钢材、水泥、沙子、玻璃、木材等，如图 3–11、图 3–12 所示。如在哈尔滨冬天利用松花江中现成的冰雪资源建造冰灯，如图 3–13 所示。

图 3–11　沙子

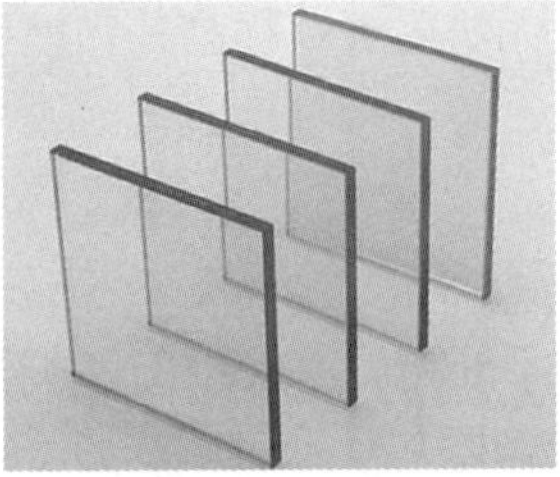

图 3-12　玻璃

图 3-13　冰灯

（2）能量资源，指系统中存在或能产生的能量场或能量流，如太阳能、风能、机械能、热能等，如图 3-14 至图 3-17 所示。

图 3-14　太阳能

图 3-15　风能

图 3-16　机械能

图 3-17　热能

（3）信息资源，指系统中存在或能产生的信息，如在野外辨别方向路标、公路上的行车标识等，如图 3-18、图 3-19 所示。

图 3-18　野外拓展

图 3-19　行车标识

（4）时间资源，指系统启动前、工作中以及工作之后的可利用时间，如利用水泥罐车、带有急救设备的救护车等节约工作时间，如图 3-20、图 3-21 所示。

图 3-20　水泥罐车

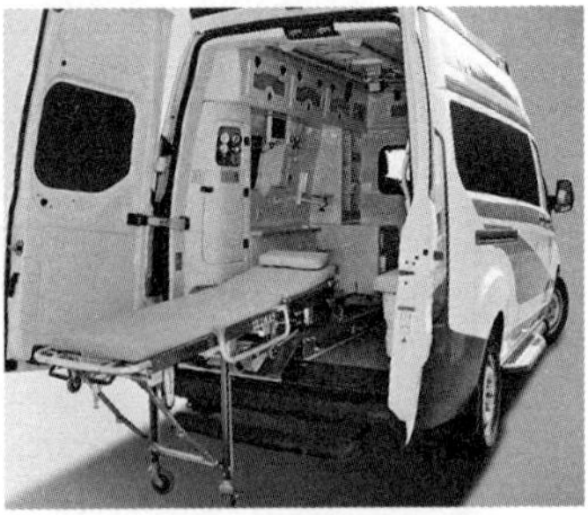

图 3-21　带有急救设备的救护车

（5）空间资源，指系统本身及超系统的可利用空间，如带有抽屉的室内楼梯、立交桥等，如图 3-22、图 3-23 所示。

图 3-22　带抽屉的室内楼梯

图 3-23　立交桥

（6）功能资源，指利用系统已有组件，挖掘系统的隐性功能，如多功能路灯、书包等，如图 3-24、图 3-25 所示。

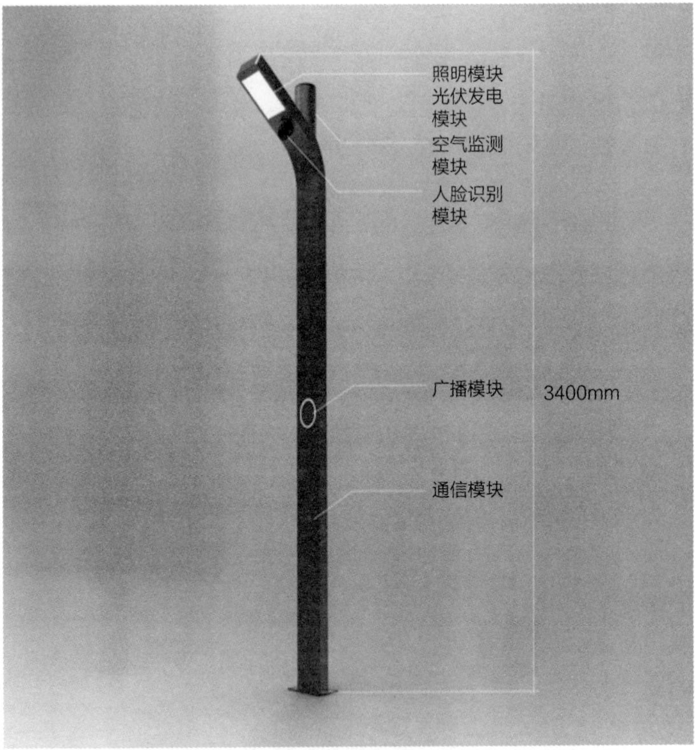

图 3–24　多功能路灯

以油田中下井电缆容易报废为例，进行资源分析，可列出资源分析表格，如表 3–1 所示。

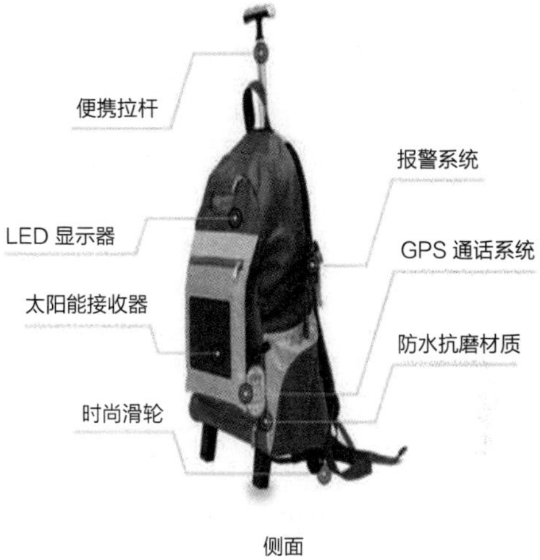

图 3-25　多功能书包

表 3-1　资源分析表

种类	物资资源	能量资源	信息资源	空间资源	时间资源	功能资源
系统资源	井下测试单芯电缆	势能	电缆长度与粗细	-	测试时长	连接仪器
子系统资源	缆芯、橡胶保护膜层、钢丝、铝皮	势能	缆芯数量	-	测试时长	连接仪器

续 表

种类	物资资源	能量资源	信息资源	空间资源	时间资源	功能资源
超系统资源	测井仪器、井下套管、油管、封隔器、偏心配水器、堵塞器、石油、井内结的蜡与垢、死油、杂质、水	势能、机械能	仪器测量数据	测井仪器与配水器间隙	测试时长，井内结垢、结蜡周期	连接仪器、摩擦仪器、结垢、结蜡

根据该表格，我们可以提出以下 4 种解决方案：用具有润滑作用的物体包裹仪器，使之不会遇卡；井内保持真空，使摩擦力不存在；经常通井，减少井内结垢、结蜡概率；用其他连接方式，取代电缆直接连接。

3. 克服思维定式的方法

（1）九屏图法

九屏图法是 TRIZ 中典型的系统思维方法，即对情景进行整体考虑，不仅考虑目前的情景和探讨的问题，还包括它们在空间、时间上的位置和角色，如图 3–26 所示。一辆汽车的九屏图如图 3–27 所示。

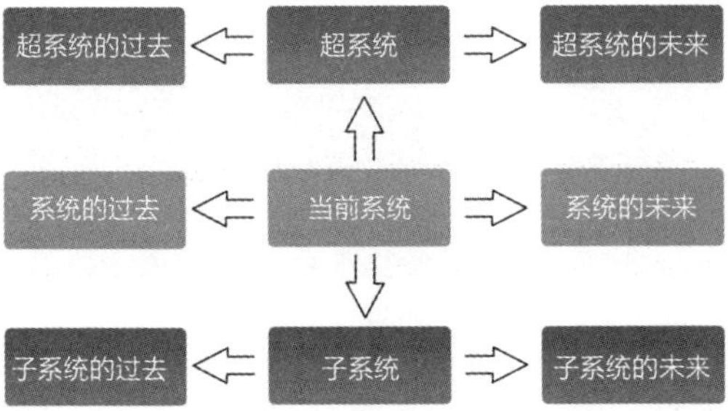

图 3-26 九屏图

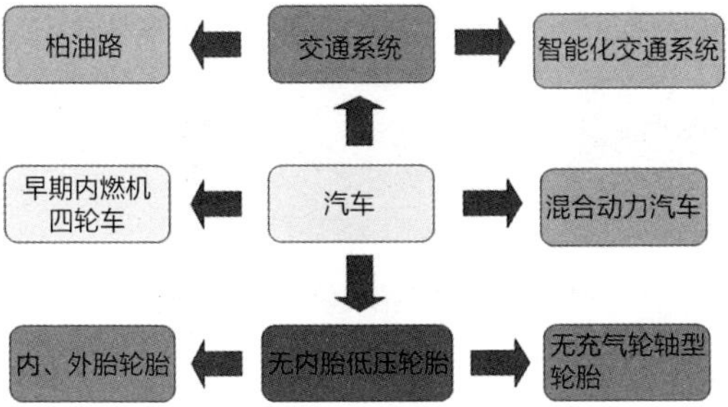

图 3-27 汽车九屏图

我们继续以油田中下井电缆容易报废为例，对当前系统井下测试单芯电缆进行分析，画出九屏图，如图 3-28 所示。

根据该九屏图进行分析，我们可以得出以下 4 个解决方案：采用七芯或多芯电缆进行测试；使用智能探测系统，机器人直接下井探测；使用光波传输仪，在井上发射光波，在接收时形成图形，显示井内各参数；使用声波传输仪。

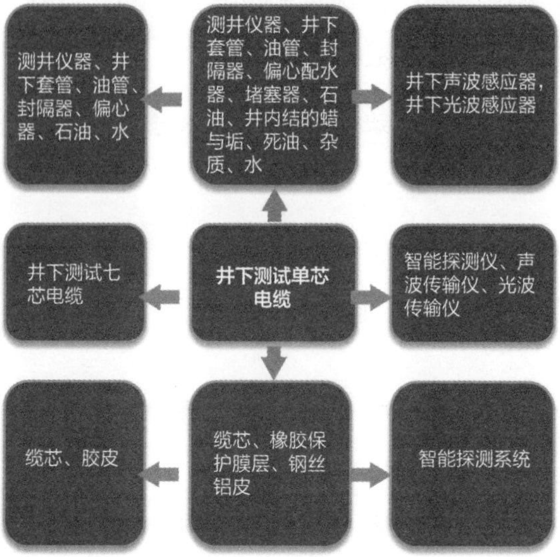

图 3-28　井下测试单芯电缆九屏图

（2）STC 算子法

STC 算子法是通过极限的想象来打破思维定式。其中 S 代表 Size，即尺寸；T 代表 Time，即时间；C 代表 Cost，即成本。STC 算子法就是通过控制尺寸、时间和成本来寻找解决办法。

在应用 STC 算子法时，可以想象成尺寸无限大、时间无限长或者成本无限高的情况，也可以想象成尺寸无限小、时间无限短或者成本无限低的情况，并根据这些想象思考解决方案。

以油田中下井电缆容易报废为例，在尺寸、时间及成本方面进行无限延伸，分析如表 3–2 所示。

表 3–2　STC 算子法分析

想象研究对象的尺寸无穷大（S>∞）的解决思路	下井仪器无限大时，仪器直接放入井内，无须电缆
想象研究对象的尺寸无穷小（S>0）的解决思路	下井仪器无限小时，仪器可以顺利上提
想象工作过程的时间无穷大（T>∞）的解决思路	下井测试时间无限长时，等待井内垢、蜡自动解除
想象工作过程的时间无穷小（T>0）的解决思路	下井测试时间无限短时，电缆与仪器下井后立即上提
想象支出的成本（允许的支出）无穷大（C>∞）的解决思路	测试成本无限高时，可以采用机器人智能测试
想象支出的成本（允许的支出）无穷小（C>0）的解决思路	测试成本无限低时，无法进行测试

根据分析，可以得出以下 3 个解决方案：在井内加入某种化学物质，使井内垢、蜡可以迅速溶解；采用机器人智能测试系统；在井内安装感应装置，可以随时测试井内数据，使之不需要使用仪器进行下放测试。

（3）金鱼法

金鱼法是将想法分成现实和非现实两个部分，通过对非现实部分进行分析，确定如何再次分为现实与非现实两部分，直至剩余的非现实部分微不足道，整体方案可行为止。

金鱼法可分为以下 6 个步骤：将问题分为现实和非现实两部分；解释非现实部分为什么不能实现；思考在什么条件下，非现实部分可变为现实；列出子系统、系统、超系统中的可利用资源；从可利用资源的视角出发，提出可能解决问题的构想方案；将构想中存在的非现实的方案列出，再次返回到第一步，进行重复。

以油田中下井电缆容易报废为例，利用金鱼法对其进行分析求解，如表 3–3 所示。

表 3–3　金鱼法分析

将问题分为现实和非现实两部分	电缆浪费率高；电缆永远可以重复使用
解释非现实部分为什么不能实现	电缆韧性不足；井内仪器会遇卡；电缆断裂位置不明
思考在什么条件下，非现实部分可变为现实	电缆韧性超强；仪器在井内不会遇卡；电缆每次只浪费一点
列出子系统、系统、超系统中的可利用资源	配水器、封隔器、缆芯、电缆保护层、电缆剪断钳、炸药
从可利用资源的视角出发，提出可能解决问题的构想方案	增大配水器和封隔器的直径，以降低遇阻风险；更换缆芯材质，使之不会断裂；利用电缆剪断钳在电缆末端剪断电缆
将构想中存在的非现实的方案列出，再次返回到第一步，进行重复	—

根据金鱼法分析可以得出以下 3 种解决方案：增大配水器和封隔器的直径，以降低遇阻风险；更换缆芯材质，使之不会断裂；在电缆与电缆头处加入适量炸药，遇阻后自动爆炸，电缆可顺利上提出来，重复使用。

（4）小人法

当系统内的某些组件不能完成其必要的功能时，我们用一组小人来代表这些不能完成特定功能的组件，然后通过将能动的小人重新排列组合，对结构进行重新设计，从而实现预期功能。这种分析问题、解决问题的方法，就是阿奇舒勒非常推崇的“小矮人法”，简称“小人法”。

小人法可以打破技术的思维定式，从微观角度重新排列组合，从而达到解决问题的目的。

小人法应用过程中可以分为以下 4 个步骤：将分析对象的各个部分想象成不同颜色的小人；根据实际情况对小人进行分组；画出问题模型与解决问题模型；形成解决方案。

以油田中下井电缆容易报废为例，利用小人法对其进行分析求解。

问题是下井电缆容易断裂，从而导致仪器报废。用小人替代这一过程，可以得到问题小人模型，根据分析可进一步得出解决问题小人模型，如图 3-29 所示。

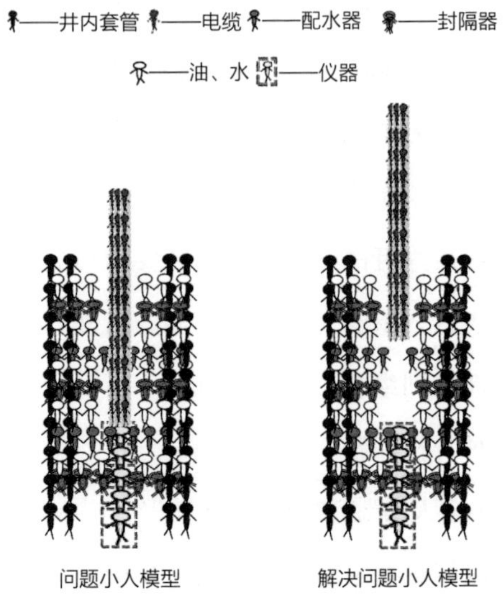

图 3-29　问题小人模型和解决问题小人模型

问题小人模型中，电缆被仪器拉着，无法成功出井，解决问题小人模型中，仪器与电缆分离，电缆可以顺利出井。根据分析，可以得出以下 4 种方案：在仪器顶端安装爆破装置，在仪器遇阻后爆破，保证电缆可以完好上提；在电缆末端安装剪刀，使之可以随时剪断电缆；在仪器遇阻后，设计可下放的重物，使之可以突然下放，利用重力分离仪器与电缆；设计智能机器人，在仪器遇阻后，下放机器人，解开电缆与仪器的连接。

4. 最终理想解

技术系统沿着提高其理想度，向最理想的系统方向进化——系统的质量、体积、面积消耗趋于零，实现有用功能无穷大（其实质是降低成本，增加有用功能）。尽管在产品进化的某个阶段，不同产品进化的方向各异，但是将所有的产品作为一个整体，低成本、高功能、高可靠性、无污染等是产品的理想状态。产品处于理想状态的解称为理想化的最终结果，即最终理想解（IFR）。

最终理想解指明了通往解决方案之路，使问题更加尖锐化，不走折中之路。

最终理想解的实施分为 6 个步骤：提问，设计的最终目的是什么？提问，最终理想解是什么？提问，达到理想解的障碍是什么？提问，出现这种障碍的原因是什么？提问，不出现这种障碍的条件是什么？提问，创造这些条件所用的资源是什么？

以油田中下井仪器容易报废为例，利用 IFR 对其进行分析求解，如表 3-4 所示。

表 3–4　最终理想解分析

设计的最终目标	电缆可以在指定位置断裂
最终理想解	电缆自己永不断裂，可持续使用
达到理想解的障碍是什么	单芯电缆韧性不够，容易断芯；电缆在井内，不能判断断裂位置；井内结垢、结蜡，死油多，仪器容易卡死
出现这种障碍的原因是什么	目前单芯电缆就能满足大部分测试要求；测井仪（最大外径 44mm）与油管内配水器（最大内径 46mm）最小间隙只有 0.2mm；注水质量不达标，导致井内结垢、结蜡
不出现这种障碍的条件是什么	用其他传输物质代替电缆；改变井下空间；改善注水质量
创造这些条件所用的资源是什么	光波、声波、电磁波、净化水、智能探测仪、可变形测井仪、自动可萎缩测井仪

根据 IFR，可以得出以下 7 种解决问题的方案：使用光波传输仪，在井上发射光波，在接收时形成图形，显示井内各参数；使用电磁波传输仪；使用声波传输仪；使用净化水驱油；使用智能探测仪，机器人直接下井探测，智能上井；使用可以变形的材质制作测井仪器，在可能遇卡位置变形通过；使用可以自动萎缩的材质制作测井仪器，使仪器直径自动变细，以方便通过可能遇卡位置。

（三）四大分离法

在研究创新问题时，常常会遇到矛盾的双方，如果可以将矛盾的双方进行分离，就可以达到解题的目的。分离法，就是用来分离矛盾双方的办法，可以分为 4 种类型，分别是空间分离、时间分离、条件分离和整体与部分分离。

1. 空间分离

空间分离是将矛盾双方分离在不同的空间上，以降低解决问题的难度。

比如，立交桥可以解决交通拥堵问题，如图 3-30 所示。从空间立体思维角度，将在一个平面的交通堵塞难题，转变为立体空间上，从而解决问题。

图 3-30　立交桥

比如，在混凝土打桩过程中，既希望桩头锋利，以便桩更容易进入地面，又不希望桩头太锋利，因为到达位置后，过于锋利的桩头不利于承受较重的负荷。可利用空间分离原理解决该问题，如图 3-31 所示，在桩的上部加一个锥形圆环，并将该圆环与桩固定在一起，从空间上将矛盾进行分离，这样既可以保证混凝土桩容易打入，又可以承受较大的负荷。

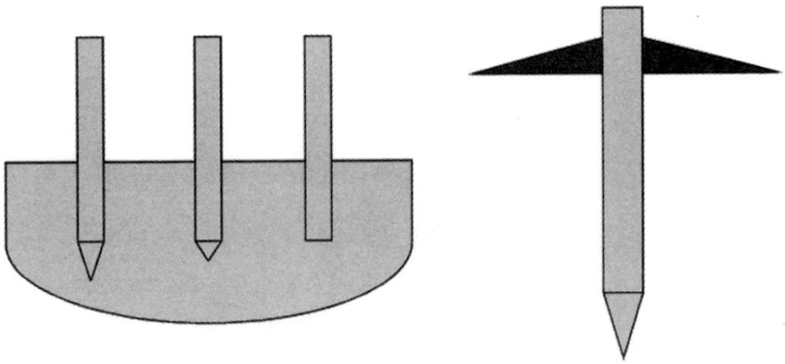

图 3-31　空间分离解决混凝土打桩问题

2. 时间分离

时间分离是将矛盾双方分离在不同的时间段上，以降低解决问题的难度。

比如，红绿信号指示灯可以通过不同时间、不同颜色的信号，来缓解交通拥堵情况，如图 3-32 所示。

图 3-32　交通信号灯

混凝土打桩的问题也可以用时间分离来解决。如图 3-33 所示，在混凝土桩导入阶段，采用锋利的桩头将桩导入，到达指定位置后，将桩头分成两半，或者采用内置爆炸物破坏桩头，使混凝土桩可以承受较大的负荷。

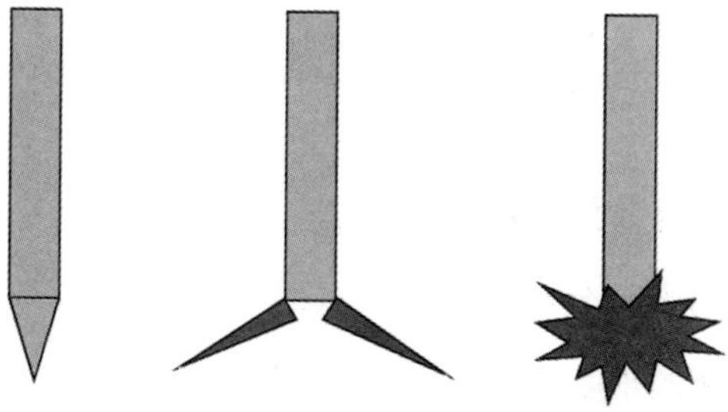

图 3-33　时间分离解决混凝土打桩问题

3. 条件分离

条件分离是将矛盾双方分离在不同条件下，以降低解决问题的难度。比如，通过转盘道解决交通拥堵问题，如图 3–34 所示。

图 3–34　交通环岛

混凝土打桩的问题也可以用条件分离来解决。如图 3–35 所示，在桩上增加一些螺纹，当桩旋转时可以向下运动，否则就静止。这样就解决了木桩方便导入与承受较大的负荷之间的矛盾。

4. 整体与部分分离

整体与部分分离是将矛盾双方分离在不同的层次，以降低解决问题的难度。

比如，在同一条高速公路中，设立两个不同方向的收费

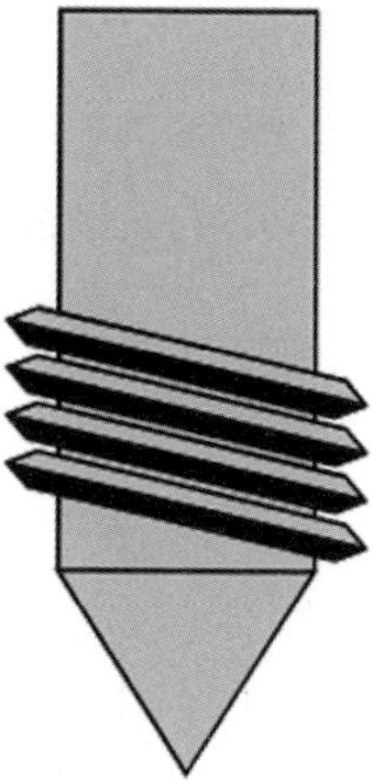

图 3-35　条件分离解决混凝土打桩问题

站点，以解决交通拥堵的问题，如图 3-36 所示。

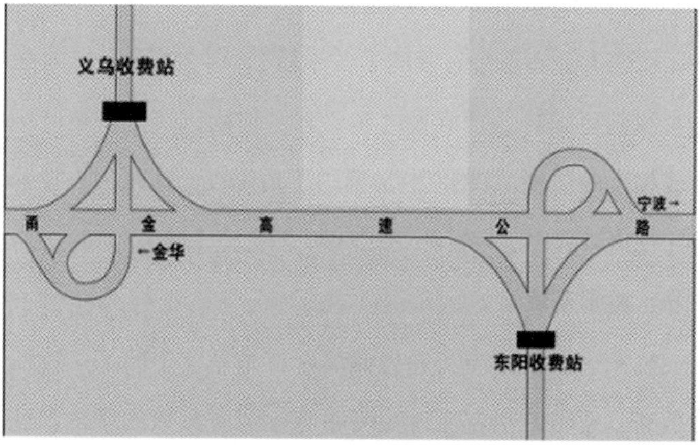

图 3-36　设置高速公路不同方向的收费站解决交通拥堵问题

混凝土打桩的问题也可以用整体与部分分离来解决。如图 3-37 所示，将原来一个较粗的桩用一组较细的桩来代替，从而解决木桩方便导入与承受较重的负荷之间的矛盾。

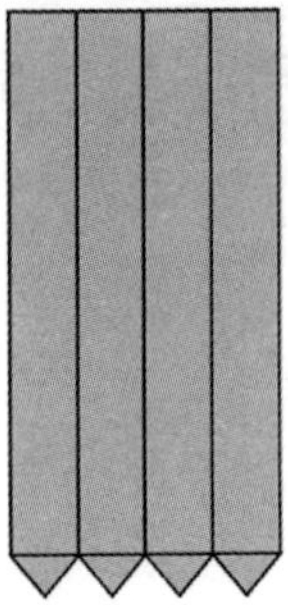

图 3-37　整体与部分分离解决混凝土打桩问题

（四）技术矛盾与物理矛盾

在四大分离法中，提到了“矛盾”，那么究竟什么是矛盾呢？我们可以将它理解为内在要素、作用以及主张彼此不一致或相反的情境。TRIZ 中常见的矛盾可以分为两种，技术矛盾和物理矛盾。

1. 技术矛盾

技术矛盾是指当我们想要改善技术系统中的某一特性和参数时，常常会引起系统中另一特性或者参数的恶化，这时所出现的矛盾即为技术矛盾。

应用技术矛盾解决问题可以分为以下 3 个步骤：分析技术系统，对问题进行准确的描述；确定改善的特性和恶化的特性，如表 3–5 所示，根据 39 个工程参数确定需要改善的参

表 3–5　39 个工程参数

1. 运动物体的重量	11. 压力	21. 功率	31. 物体产生的有害因素
2. 静止物体的重量	12. 形状	22. 能量的浪费	32. 可制造性
3. 运动物体的长度	13. 物体的稳定性	23. 物质的浪费	33. 可操作性
4. 静止物体的长度	14. 强度	24. 信息的丢失	34. 可维修性
5. 运动物体的区域	15. 运动物体的耐久性	25. 时间的浪费	35. 适应性和多样性
6. 静止物体的区域	16. 静止物体的耐久性	26. 物质的数量	36. 装置复杂层次
7. 运动物体的体积	17. 温度	27. 可靠性	37. 控制的复杂层次
8. 静止物体的体积	18. 光亮度	28. 测量精度	38. 自动化程度
9. 速度	19. 运动物体耗费的能源	29. 制造精度	39. 生产力
10. 力量	20. 静止物体耗费的能源	30. 作用于物体的有害因素	

数和恶化的参数，明确系统的技术矛盾；查找阿奇舒勒矛盾矩阵表，再根据 40 个发明原理确定序号，如表 3-6 所示，按照发明原理的名称对应查找发明原理的详解，并逐个探讨每个原理在具体问题上如何应用和实现，得出解决问题的方案。

表 3-6　40 个发明原理

1. 分割	11. 预先应急措施	21. 快速通过	31. 多孔材料
2. 抽取	12. 等势	22. 变害为利	32. 改变颜色
3. 局部质量	13. 反向	23. 反馈	33. 同质性
4. 非对称	14. 曲面化	24. 中介物	34. 抛弃和再生部件
5. 合并	15. 动态性	25. 自服务	35. 改变特性
6. 普遍性	16. 部分或超额行动	26. 复制	36. 状态改变
7. 嵌套	17. 维度改变	27. 一次性用品	37. 热膨胀
8. 配重	18. 机械振动	28. 机械系统的替代	38. 加速氧化
9. 预先反作用	19. 周期性动作	29. 气动或液压结构	39. 惰性环境
10. 预处理	20. 有效动作的连续性	30. 柔性膜或薄膜	40. 复合材料

以油田中下井电缆容易报废为例，如果减少电缆连接的仪器串重量（减少仪器数量），那么可以降低电缆损耗，但是下井测数据将会变得困难；如果增加电缆连接的仪器串重量，那么仪器可以正常下井测数据，但是电缆损耗增加。确定要解决的技术矛盾为 TC-1，它发生在 B+（降低电缆损耗）与 C-（仪器下井测数据困难）之间，发生在 A+（减少电缆连接的仪器串的重量）的时候，如图 3-38 所示。

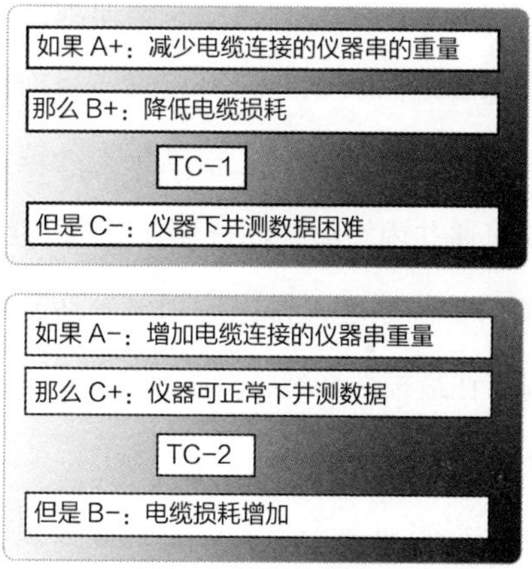

图 3-38　应用技术矛盾

通过查看 39 个工程参数，可以将其对应为改善的参数 - 物质的浪费、恶化的参数 - 信息的丢失。查找阿奇舒勒矛盾矩阵表，确定相关发明原理有：抽取原理、一次性用品原理、改变特性原理、热膨胀原理。由此，可以得出以下解决方案：根据抽取原理，增加电缆自身重量，减小测试仪器体积，使之既能满足下放，又能顺利上提；根据一次性用品原理，利用电磁波传输信号，取代电缆连接仪器下井测试；根据改变特性原理，减少井内油污密度，使之不能让仪器遇阻；根据热膨胀原理，提高井内温度，在套管内设置保温层，使井内油污无法阻碍仪器。

在这里，我们也可以查看其他发明原理，比如根据配重原理，得出在仪器遇阻后判断遇阻位置，增加遇阻位置下方水流动力，利用冲力冲破阻碍；根据预先处理原理，得出在测试前，提前疏通井内污垢，使仪器在井内下方上提更方便；根据机械系统的替代原理，得出应用电磁切割电缆，使仪器遇阻后，电缆可在最根部断裂，减少损失。

2. 物理矛盾

物理矛盾是指当对一个系统的某个参数提出相反要求时出现的矛盾。通常需要先确定技术矛盾，再将其转化为物理矛盾，再通过四大分离方法，确定可参考的发明原理，得出问题的解决方案。

分离方法与发明原理对应内容如图 3–39 所示。

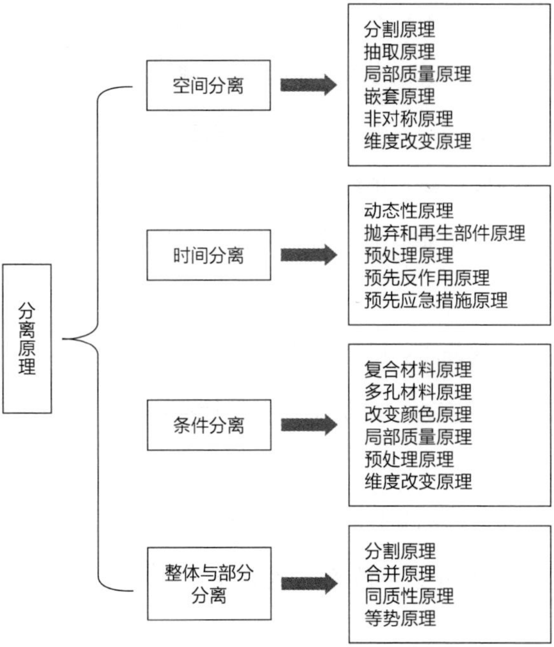

图 3-39　分离方法与发明原理对应内容

以油田中下井电缆容易报废为例，根据技术矛盾，确定物理矛盾为：仪器串的质量应该减小，以满足减少电缆损坏要求；仪器串的质量应该增大，以满足下井测量数据要求。

物理矛盾为：（仪器串的质量）既要增大又要减小。

参考四大分离法，对应 40 个发明原理，可以得出以下 4 个结论。

（1）空间分离：分割原理

提出技术方案：安装自动升降装置，使仪器可以自动下井测量数据。

（2）时间分离：预处理原理

提出技术方案：加入化学物质，使井内结蜡、结垢周期无限延长。

（3）条件分离：局部质量原理

提出技术方案：增加电缆保护层的厚度，使电缆整体韧性增加。

（4）整体与部分分离：等势原理

提出技术方案：改变井内状态，使测量数据可以水平测试。

参考文献

［1］黑龙江省科学技术厅．TRIZ 理论入门导读［M］．哈尔滨：黑龙江省科学技术出版社，2007.

［2］初级 / 创新方法研究会，中国 21 世纪议程管理中心．创新方法教程（初级）［M］．第六版．北京：高等教育出版社，2017.

［3］刘小伟，黄国秋．质量管理与创新小组实践［M］．北京：中国科学技术出版社，2017.

［4］张为志．非现场经济与智慧共享体系简论．《人民论坛·学术前沿》，2015.

［5］《社会大脑——智慧共享体系的形成与演化》首次演讲．浙江大学科学技术与产业文化研究中心．

［6］张艳伟．微信平台中信息共享行为的影响因素研究

[D]. 北京邮电大学，2015.

[7] 布莱恩·斯坦菲尔德. 聚焦式会话艺术 [M]. 复旦大学出版社，2005.

图书在版编目（CIP）数据

“四力”创新行动法 / 杨凤凯，李丹，孙驰著. —北京：中国工人出版社，2022.4

（新时代工匠创新法丛书）

ISBN 978-7-5008-7855-1

Ⅰ. ①四…　Ⅱ. ①杨…　②李…　③孙...　Ⅲ. ①创造学 – 研究　Ⅳ. ①G305

中国版本图书馆CIP数据核字（2022）第053541号

“四力”创新行动法

出　版　人　董　宽
责任编辑　唐寅兴
责任印制　栾征宇
出版发行　中国工人出版社
地　　址　北京市东城区鼓楼外大街45号　邮编：100120
网　　址　http://www.wp-china.com
电　　话　（010）62005043（总编室）
　　　　　（010）62005039（印制管理中心）
　　　　　（010）82027810（职工教育分社）
发行热线　（010）82029051　62383056
经　　销　各地书店
印　　刷　北京美图印务有限公司
开　　本　787毫米×1092毫米　1/32
印　　张　5.625
字　　数　90千字
版　　次　2022年5月第1版　2022年5月第1次印刷
定　　价　35.00元